자석 이야기

한 물리학자가 걸어온 길

F. 비터 지음
지창렬 옮김

전파과학사

Magnets

By

Francis Bitter

Doubleday and Company, Inc.

Garden City, New York

U. S. A

PSSC의 과학연구총서
The Science Study Series

　『과학연구총서』는 학생들과 일반 대중에게 소립자부터 전 우주에 이르기까지 과학에서 가장 활발하고 기본적인 문제들에 관한 고명한 저자들의 저술을 제공한다. 이 총서 가운데 어떤 것은 인간 세계에서의 과학의 역할, 인간이 만든 기술과 문명을 논하고 있고, 다른 것은 전기적 성격을 띠고 있어 위대한 발견자들과 그 발견에 관한 재미있는 이야기들을 소개하고 있다. 모든 저자는 그들이 논하는 분야의 전문가인 동시에 전문적인 지식과 견해를 재미있게 전달할 수 있는 능력의 소유자이다. 이 총서의 일반적인 목적은 어린 학생이나 일반인이 이해할 수 있는 범위 안에서 전체적인 내용을 살펴보는 것이다. 바라건대 이 중에 많은 책이 독자로 하여금 자연현상에 관해 스스로 연구하도록 만들어 주었으면 한다.

　이 총서는 모든 과학과 그 응용 분야의 문제들을 다루고 있지만, 원래는 고등학교의 물리 교육과정을 개편하기 위한 계획으로 시작되었다.

　1956년 매사추세츠공과대학(MIT)에 물리학자, 고등학교 교사, 신문잡지 기자, 실험기구 고안가, 영화 제작자, 기타 전문가들이 모여 물리과학교육연구위원회(Physical Science Study Commitee, 약칭 PSSC)를 조직했는데, 현재는 매사추세츠주 워터타운에 있는 교육 서비스사(Educational Services Incorporated, 현재는 Educational Development Center, 약칭 EDC)의 일부로 운영되고

4

있다. 그들은 물리학을 배우는 데 쓸 보조 자료를 고안하고 제작하기 위해 그들의 지식과 경험을 합쳤다. 처음부터 그들의 노력은 국립과학재단(The National Science Foundation, 약칭 NSF)의 후원을 받았는데, 이 사업에 대한 원조는 지금도 계속되고 있다. 포드재단 교육진흥기금, 앨프리드 P. 슬론재단 또한 후원해주었다. 이 위원회는 교과서, 광범한 영화 시리즈, 실험지침서, 특별히 고안된 실험기구, 그리고 교사용 자료집을 만들었다.

이 총서를 이끌어가는 편집위원회는 다음의 인사들로 구성돼 있다.

편집주간: 브루스 F. 킹스베리
편집장: 존 H. 더스튼(보존재단)
편집위원:
폴 F. 브랜드와인(보존재단 및 하코트, 브레이스 앤드 월드 출판사)
프랜시스 L. 프리드먼(매사추세츠공과대학)
사무엘 A. 가우트스밋(브룩헤이븐 국립연구소)
필립 르코베이에(하버드대학)
제라드 필(『사이언티픽 아메리칸』)
허버트 S. 짐(사이먼 앤드 슈스터 출판사)

저자에 대하여

프랜시스 비터 교수는 1902년 뉴저지주 위호켄에서 출생했고, 뉴욕에서 어린 시절을 보냈다. 콜롬비아대학을 1924년에 졸업하고 1925~1926년 베를린에서 물리학을 전공했다. 1929년 콜롬비아대학에서 Ph. D를 받았고, 캘리포니아 공대에서 기체의 자성(磁性)을 연구한 다음, 피츠버그에 있는 웨스팅하우스 전기회사의 연구원으로 참가하여 자기(磁氣)에 관련된 이론적 및 응용문제를 연구했다. 1934년 MIT 교수진에 참가했고, 물질의 자성에 관한 여러 연구를 통하여 매우 강력한 자석을 개발했다. 또 전쟁 중에는 미 해군에서 자기기뢰(磁氣機雷)에 관한 일을 했다. 1950년 이후 MIT에서 물리학 교수로 있으며 최근에는 원자핵의 자기면(磁氣面)을 연구하고 있다.

차례

저자에 대하여　5
시작하기 전에　9

1장 언어의 학습 ·· 13
대학 이전　14
과학의 ABC　18

2장 자기 및 전기 ·· 27
자극　28
자기장　37
전기　40
세계의 안팎에서　46

3장 원자와 분자 ·· 49
박사 학위를 받다　50
상자성과 양자론　58
자기와 원자선　63
자기와 빛　65
피츠버그로　70

4장 강자성 ·· **71**

    강자성　73

    특허　80

    출발　83

5장 더 강한 자석 ·· **87**

    카피차의 자석　88

    나의 자석　90

    밴의 도움　94

6장 함대의 자기 소거 ·································· **99**

    자기의 역사　99

    워싱턴으로부터의 편지　101

    영국 여행　103

    워싱턴으로의 귀환　108

7장 핵자기 ·· **113**

    자기 공명　114

    핵자기 구조　119

    결국 광학으로 돌아오다　123

    맺는말　127

    역자의 말　129

시작하기 전에

　과학은 탐구되어야 할 많은 분야를 가진 세계이다. 이 분야 중의 하나가 자기(磁氣)이다. 물질의 한 작은 부분이 다른 작은 부분에 미칠 수 있는 많은 영향의 하나를 다루는 것이 자기의 주제이다. 이 세계 또는 이 우주에 있어서 우리가 다른 무엇을 알고 있는 정도만큼은 자기에 관해서도 알고 있다. 그러나 솔직히 말하면 자기는 가죽조차 연구되어 있지 않다. 즉, 진공 공간을 가로질러서 한 곳에서 다른 곳까지 미치게 되는 다른 영향과 자기와의 진정한 관계를 인식하는 점에 있어서 깊이 연구된 바가 없다. 또, 외부 공간을 지나서 원자의 둘레를 혹은 심지어 우리가 만들고 사용하여 일상생활에서 보잘것없는 것으로 생각하는 램프와 전자관(電子管)을 통해서 부는 전자풍(電子風)에 관한 자기적 상호 작용의 복잡성을 이해하는 점도 폭넓게 연구되어 있지 않다.

　나의 개인적인 탐구의 항해를 기술함으로써 내가 알고 있는 가장 타당한 방법으로, 또 바라건대 재미있는 방법으로 자기에 관하여 이야기하고, 또 이것이 나 자신에게 어떻게 느껴졌는지를 말하겠다. 여러분이 이 책을 읽고 나면 자기에 관하여 조금은 알게 될 것이다. 사실에 관한 길고 상세한 연구로부터, 어쩌면 여러분이 바라는 만큼은 배우지 못할 수도 있다. 그러나 자기에 관하여 무엇인가 배우게 될 것이고, 또 아마 한 사람의 생활과 그의 일에의 전심(傳心)에 관하여서도 배우게 될 것이다. 나의 일(이것을 나의 취미라고 불러도 좋다)은 항상 자기에 관계되어 왔다. 이것은 어떻게 시작되었을까? 이것은 당연하게도 언어를 배움으로써 시작되었다. 취미와 흥분으로 시작되었을 뿐 아니라 힘든 일과 고된 일로 시작되었다. 내가 수많은 교훈을 깨우치면서—한 예로 다음 대학 시절의 한 교훈—시작되었다.

과학과 수학은 나에게 쉬운 학문이었다. 이들을 감당해 나가는 데 큰 노력을 할 필요가 없었다. 나의 가정은 유복하지 못했다. 그러나 쉽게 장학금의 도움을 얻었고, 학교의 여기저기서 돈을 빌려 쓸 수도 있었다. 어느 날, 응용 수학에서 우수한 사람에게 주어지는 장학금을 건 경쟁시험이 있다는 게시물을 보았다. 내가 이긴다면 이 돈은 나의 생활에 큰 보탬이 될 것이었다. 나는 경쟁시험에 응했다. 주위를 돌아보고 큰 적수로 생각되는 사람이 없다는 것을 알았을 때, 자만심에 가득 찬 감정을 지금도 기억하고 있다. 나는 자신감에 넘쳐 있었다. 그러나 시험 결과가 발표되었을 때 승리한 사람은 내가 아니었다. 그 학생은 모르는 사람이었다. 그는 토론회, 자유 토론, 이론적인 런치 클럽(Lunch Club)의 일원이 되어 본 적이 없는 사람이었고, 단지 조용하고 맵시 있는 사람이었다.

그 시절을 되돌아볼 때, 최근에 나의 아내가 베푼 '어린이 잔치'가 회상된다. 한 소년이 나머지 다른 어린이들보다 약간 나이가 많았다. 그는 다소 거만한 편이었고, 또 확실히 우월감을 가지고 있었다. 잔치가 끝날 무렵, 모자 속에 카드를 던져 넣는 게임을 했다. 이것은 쉬운 것같이 보였다. 여러 어린이가 해 보았으나 볼만한 성공을 거두지 못했다. 끝에 가서 그 나이 많은 소년의 차례가 되었다. 그는 뽐내며 일어섰고, 모든 카드를 모자 속에 넣을 수 있으리라고 명백히 기대하고 있었다. 첫 번째는 겨냥이 빗나갔다. 그는 수줍어하는 눈치였다. 두 번째도 빗나갔다. 그는 난처한 것처럼 보였다. 그는 세 번째, 네 번째, 다섯 번째 연속적으로 급히 던졌으나 모두 실패했다. 그는 당황한 눈치로 우리를 돌아보며 말했다. "야, 무엇이 잘못되었지?"

그것은 내가 경쟁시험에 이기지 못했을 때의 감정과 같았다. '야, 무엇이 잘못되었지?' 그 어떤 성공과 진정한 성취에도 일편단심의 노력과 헌신과 사랑이 필요하다는 것을 나는 배우지 못했던 것이다. 이러한 요소들이 거기에 없다면 우리가 마음먹은 대로 기여할 수도 없고 이익을 줄 수도 없다. 이것이 나의 생애의 시초에서 배운 좋은 교훈이었다. 그리고 무수히 많은 교훈이 있었다.

그러나 처음부터 시작하자. 과학적 언어의 학습에서 시작하자. 내가 배운 것, 또 그것이 어떻게 나를 매혹시켰나를 여러분에게 이야기하겠다.

1장
언어의 학습

자기(磁氣)에 대한 나의 흥미는 박사 논문을 만드는 두 번째 시도에서 시작되었다. 당시 콜롬비아(Columbia)대학에서는 스스로 논문 주제를 선택한 다음 그 논문을 지도할 교수를 찾고, 끝으로 연구실 중의 어느 하나에 자리를 잡아 연구해야만 했다. 그리하여 최초의 독립된 연구가 시작되었다. 당시 나는 내가 처음으로 신청한 논문의 주제와 같은 주제를 가진 긴 간행물을 발견했다. 논문의 주제와 같은 독창적인 점을 갖고 있어야 하므로 이것은 오히려 불행한 일이었다. 내가 해보려는 연구가 이미 이루어져 있었다는 사실을 발견했던 것이다. 6개월의 노력이 헛된 것으로 생각되었다. 어떤 특별한 연구가, 세계의 먼 한구석에서 아직 완성되어 있지 않다는 것을 충분히 합리적으로 믿을 수 있는 주제를 어떻게 알 수 있는가를 의심하면서 수심에 잠겨 걷고 있을 때, 빈 연구실에 있는 인상적으로 보이는 자석이 우연히 눈에 띄었다.

1920년대 중반에는 이 자석은 크고 중요하게 보이는 장치물이었다. 그 높이는 5피트이고 무게는 수 톤이었으며 자석에서 무거운 도선(導線)이 나와서 튼튼한 스위치에서 끝나고 있었다. 이러한 종류의 자석은 낯익은 물건은 아니었다. 이 자석은 복잡한 자기 효과를 연구하기 위하여 작은 부피 안에 무척 강한 자기장(磁氣場)을 만드는 연구 장치였다. 이것은 곧 나의 마음에 들었다. 나는 이것을 조사하기로 했다.

그러나 자석이 있는 빈 연구실에 들어가고, 새로운 논문 주제를 찾으면서 머리를 지나가는 약간의 생각을 이해하기에 앞서, 몇 년쯤 되돌아가서 이미 배웠던 약간의 과학적 언어와 견해 및 지식을 복습해야만 했다. 소설을 읽고 쓰기에 앞서 스펠과 문법을 배워야 한다. 피아노로 소나타를 연주하기에 앞서 음계, 화성법(和聲法) 및 음악 기호를 배워야 한다. 연구실에 들어가서 무언가 새로운 것을 발견하기 위해 지적(知的)으로 시도하기에 앞서, 해야 할 지루하고 힘든 일이 있는 법이다. 그 누구도 이것을 피할 수 없다. 어떤 사람은 다른 사람보다 더 빠르게 이 학습을 통과한다. 어떤 사람은 독립적으로 생각하는 연구 능력을 더 알고 있기 때문에 이것을 그리 심각하게 생각하지 않을 수도 있다. 그러나 연구 분야에서 과거의 대가(大家)들이 이루어 놓은 것을 모두 배워야 한다. 우리는 새로운 단련을 감수하여야 한다.

대학 이전

후에 물리학자가 되는 어린이는 어떤 아이일까? 유년 시절에 이것을 알아볼 수 있는 징후가 있을까?

아마 없으리라. 다른 직업을 즐겁게 수행하려는 사람 중에서 과학자를 가려내는 데 적용될 규칙은 존재하지 않는다. 나의 경우 성격상 두 자질이 중요하다고 말할 수 있으며, 또 여러 해 동안 나는 그렇게 생각해 왔다. 하나는 상상력이다. 또 하나는 탐구심이다. 나는 다른 사람의 진술이나 가르침을 좀처럼 받아들이지 않았으므로 가족들은 내가 법률가가 될 것이라고 예언하는 것이 보통이었다. 나는 끝없이 논의하는 것이 예사였으나 내가 논의하는 모든 일은 결국 법적인 문제들에 중심을 두지 않았다. 내 주변의 세계의 기술(記述)과 이해에 집중된 것이었다. 이것과 관련된 나의 옛 추억 중 하나는 어느 일요일, 뉴욕 센트럴파크(Central Park)에서의 산책이었다. 아버지는 높은 모자를 쓰고 형과 누나와 나는 나들이옷을 입고 있었다. 우리는 밝은 일요일 아침에 여러 가지 많은 일을 항상 논했으나 나는 이 세계의 기원에 관한 이야기를 특히 기억한다. 그것은 암석과 지구는 어떻게 형성되었으며 생물체, 결국 우리와 같은 인간이 어떻게 지구상에 나타났으며 또 도시는 어떻게 성장했는지 등의 이야기였다. 조각가인 아버지는 대단한 독서가였고, 자연사(自然史)에 대해 많이 알고 계셨다. 그의 이야기는 나를 매혹했다.

뉴욕의 스튜디오 겸 아파트에서의 생활은 비교적 평온했다. 우리들은 상당히 엄격한 시간표에 따라 생활했다. 우리는 세 개의 언어를 배웠고 또 사용했다. 독일어는 부모에게서, 프랑스어는 여자 가정교사, 영어는 학교에서 배웠다. 피아노 수업, 무용 공부, 7연대 본부(Seventh Regiment Armory)에서의 크니커바커 그레이(Knickerbocker Grey)와의 약간의 군사훈련, 비 오는 날의 자연사 박물관 방문, 일요일에 '좋은' 책 읽기—이러한 것들이 내가 12살 때 기숙학교(寄宿學校)에 갈 때까지 우리 가정생활을 이루고 있었던 일들이었다.

우리가 즐겨했던 놀이의 하나는 미아(迷兒, Enfant Perdu)라고 불렸다. 우리 가운데 한 아이가 무일푼이고 완전한 절망적인 상태에 버림받았다고 꾸미고, 또 다른 한 아이는 이 길 잃은 아이를 찾아내는 것이다. 이 버림받았던 아이가 입양되고 그 아이는 점차 '새로운' 생활로 인도되었다. 우선 우리는 실제 또는 공상적인 과거에 관한 일화를 주고받곤 했다. 다음에 뉴욕의 승강기가 있는 아파트의 훌륭함, 가정의 '새로운' 습관, 탁자 위의 '새로운' 음식, 어린이 벽장에 있는 '새로운' 의복과 장난감을 보인다. 이 아이는 '새로운' 학교로 보내지고, 우리 옛 친구들은 그의 '새로운' 친구들이 된다는 것이다.

이 놀이는 며칠이 걸린다. 또, 내가 기억하기로는 한 번뿐 아니라 몇 번이나 이 놀이는 반복되었다. 이 놀이는 장래의 과학자를 위한 적당한 훈련일 수 있다고 생각한다. 새로운 흥미를 일으키고 또 새로운 가능성을 드러내는 새로운 관점에서 기지(旣知)의 사실들을 보기 위하여, 알려진 사실들을 반복하여 조사하고 그들을 재배치하려는 시도의 결과에서부터 과학적 연구는 시작되고 발견이 이루어진다. 이것은 우리가 어릴 때 해온 것과 다르지 않다.

지금도 생각난다. 우리는 9, 10, 11세 때 이 미아놀이를 했다. 내 마음에 떠오르는 또 하나의 사건은 틀림없이 내가 10대일 때 일어났었을 것이다. 나는 어느 달 밝은 밤에 카누(Canoe)를 타고 조용히 노를 저어가고 있었다. 이 생각 저 생각을 하고 있었다. 내가 가장 현실적이라고 생각한 모든 것이 순전한 공상에 불과하지 않은가 하는 생각이 약간의 충격과 함께 갑자기 떠올랐다. 호수, 카누, 노, 별, 밤, 나무, 또 손에 닿는 물의 촉감도 단지 감각에 불과할지 모를 일이었다. 나는 이 세상에 존재하는 유일한 사람이며 부모, 형제, 자매 그리고 동무들도 모두 내 자신의 상상의 허구인 것이고, 내가 걸어 다니는 단단한 이 지구도 감정에 지나지 않는다는 생각에 빠졌다. 이 가정을 반증할 방법은 없는 것처럼 보였다. 한편, 이러한 일의 의미는 무엇이었을까? 어쩌면 이것은 교육의 문제일 것이라고 생각한다. 아마 현실적으로 나는 이 세상에 생존하는 한 어린 소년이 아닌 한 무리의 다른 존재 중 하나, 즉 다른 초자연적 존재로 준비된 훈련 과정을 단지 밟고 있는, 어떤 신 혹은 초자연적 존재일지 모른다. 당시 누구 하나 이러한 모양의 무의미한 것에 특히 흥미를 느끼는 것같이 보이지 않았고, 내가 대학에서 철학을 공부하며 이 가능성을 생각한 최초의 사람이 아니라는 것을 알았을 때 느낀 전율을 잊을 수 없다.

고등학교에서는 과학이 교과 과정에 전혀 들어 있지 않았다. 그러나 다른 어느 학과보다도 훨씬 좋아하던 대수(代數)와 기하(幾何)는 있었다. 이런 과목들은 나에게 쉬웠고, 내 기억이 맞는다면 나는 학급에서 가장 우수한 학생이었다. 미지수가 들어있는 방정식으로 문제를 푼다든지, 가정을 토대로 정리를 설명한다든지—이러한 것들은 라틴어와 역사, 영어와 지리보다도 자극적이고 무척 흥미로운 것이었다.

나는 곧 대학에 갈 준비를 했다. 내 성적이 특별히 좋은 편은 아니었다. 한편 나는 별로 열심히 공부하려 하지도 않았다. 많은 소년과 달리, 나는 현관의 벨을 도선(道線)으로 연결하거나 라디오를 만드는 데는 흥미가 없었다. 이러한 오락은 싫증 날만큼 사소한 것이거나 이해하기에는 너무 복잡한 것으로 보였다. 그러나 내가 대학에 들어갔을 때 지금도 생생히 기억하지만, 어떤 종류의 마술의 진상을 규명해 보려는 생각을 갖고 있었다. 예를 들면 마술사가 한 색깔을 가진 액체에 다른 색깔을 가진 액체를 붓고, 제3의 색깔을 가진 액체로 변환시킬 때 마술사가 무엇을 하는가를 알고 싶었다. 시카고대학의 신입생으로서 나의 최초의 요구는 이러한 일을 이해하기 위하여 화학을 공부하도록 허락받는 것이었다. 이 선수 과목은 나에게 무척 긴 우회로를 열어젖혔다. 실제로 나는 화합물의 신비한 빛깔의 변화를 연구하는 데 종사한 일이 없다. 나의 대학 시절을 통틀어 화학 과목은 조금밖에 없었다. 나는 물리학에 훨씬 더 큰 흥미를 느낀다는 것을 알게 되었다.

과학의 ABC

대학에서의 물리학 공부는 약간의 매혹적인 발견이 띄엄띄엄 들어 있는, 지루하고 힘든 특이한 혼합물이었다. 열심히 공부할 때든지, 자기 자신의 계획을 지속시킬 수 있는 새로운 사실 또는 이론을 찾아 도서관에 뻔질나게 들릴 때는 재미있었다. 그러나 많은 정의(定義)와 새로운 개념을 다룰 때, 특히 새로운 관념과 새로운 말이 기묘하고 자의적(恣意的)으로 보일 때, 또 물리학적 의미를 배운 후에도 그 사용이 모호할 때, 이 공부는 재미가 없었다.

우선 물체가 어떻게 움직이는가, 또 어떤 상태에서 정지할 것인가에 관한 학문으로 역학(力學)이 있다. 역학은 많은 노력을 쏟기에는 다소 하찮은 주제로 생각되며, 또 학생들이 그 범위와 의미를 이해하도록 가르쳐주지는 않는 게 보통이다. 위인들에 의하여 체계화되고 재 공식화(再公式化)된 후, 역학은 실제로

가장 만족스럽고 아름다우며 복잡한 물리학의 한 부분이 되었
다. 그러나 대개의 학생은 나와 같이 대강 다음과 같은 것을
접하게 된다.

거리, 인치, 피트, 마일, km, m, mm, cm, 속력, 속도, 시간당 마
일, cm/sec, 가속도, cm/sec^2, 힘, 벡터, 파운드, 뉴턴(Newton), 정
역학, 동역학, 질량, gm, mg, kg, 슬러그(Sulg), 질량 중심, 타격의
중심, 각, 도, 라디안(Radian), 충격, 각운동량, 원심력, 구심력, 운
동학, 퍼텐셜(Potential), 회전력, 미끄럼통, 경사면, 마찰, 정위(定
位), 반발하는 공, 반발 계수, 관성의 모멘트(Moment), 진동, 진자,
탄성, 단조화 운동, 충동, 탄성적, 비탄성적, 제1법칙, 제2법칙, 제3
법칙, 원리, 보존, 무엇인가, 왜, 어디서, 언제, 어떻게, 기억 검사,
질문, 시험, 기구, 측정, 권태, 침체, 두통, 햇빛과 공기, 종……사람
살려라!

역학(力學) 다음에는 열, 소리, 빛, 전기와 자기에 관한 공부
가 뒤따랐다. 이들은 각각 고유한 특이성, 특수한 복잡성, 새로
운 관념을 가지고 있다. 이 주제들을 처음 피상적으로 개관하
는 데만도 2, 3년은 긴 시간이 아니다.

공부하는 고된 일에 대한 보상은 무엇일까? 이 보상은 사람
에 따라 물론 다르다. 신비스럽고 설명할 수 없는 것으로 생각
했던 것을 이해할 수 있다는 성취감, 그리고 새로운 지식을 사
용할 수 있다는 점에서 큰 만족이 있다. 두 가지 예가 떠오른
다. 최초의 예로서 열의 흐름을 다루어야 했다. 여기서 기술하
려는 문제는 수학 과정에서 시작한 것이지만 나의 흥미는 오로
지 그것이 나타내는 실제적인 물리학적 상태와 관계에 있었다.

일정한 성질들을 가지고 있는 사각형 금속판 임의의 열원(熱

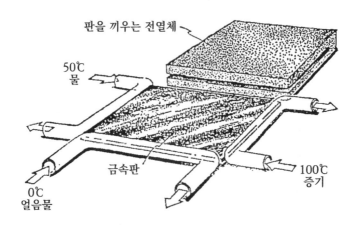

판을 끼우는 전열체

50℃
물

100℃
증기

금속판

0℃
얼음물

〈그림 1〉 여기서 도식적으로 표시된 열의 흐름의 문제는 초기의 교육적인
난제였다. 수학적 목표는 금속판 위의 임의의 점에서의 온도를
계산하는 일이다

源)에 연결되어 있고, 한 모서리는 차갑게 되어 있다. 예를 들
면 〈그림 1〉의 판을 생각하면 된다. 여기서 한 모서리는 0℃
로, 인접 모서리는 50℃와 100℃로 각각 유지되어 있다. 반대
쪽 모서리는 절연되어 있어 열은 이것을 통하여 흐르지 않는
다. 판의 각 점에서의 온도는 얼마일까? 이것은 가망 없이 복
잡한 상태로 보인다. 그러나 그 해답은 결국 구해진다. 또, 일
단 이 해(解)가 구해지고 판의 각 점에서의 온도를 나타내는
등온선 지도가 만들어지면 〈그림 2〉와 같이 그 해는 그럴듯하
게 보인다. 신비한 것은 무지(無知)로부터 이해에 이르는 그 방
법이다.
　핵심은, 판 속에서 열의 흐름의 직선을 이루고 있는 무척 작
은 한 부분을 생각하는 것이다. 판의 매우 작은 부분에서 열은

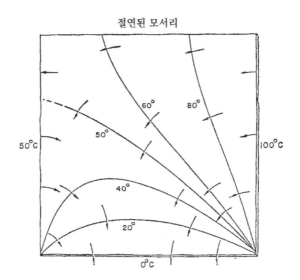

절연된 모서리

〈그림 2〉 등온선 지도는 〈그림 1〉에서 생각한 문제의 해(解)를 기입한 것
이다. 화살표는 열의 흐름의 방향을 나타내고 있다. '등온선(等溫
線)'은 같은 온도의 점을 연결한 것이다. 열은 '내리막'으로 흐른
다는 것에 주의하라

더운 '모서리'에서 차가운 '모서리'로 직선을 이루며 꼭 한 방
향으로 흐르고, 또 무척 작은 부피 요소 안에서 더운 모서리에
서 차가운 모서리로 흐르는 열량은 그들 사이의 온도 차, 금속
의 열전도율 및 판의 두께에 관계한다. 이것이 문제를 푸는 데
필요한 모든 지식이다. 위에 기술한 기본 법칙이 판의 각 점에
서 만족된다는 것을 보증하는 수학적 방법에 의하여 이 해는
이루어진다. 익숙하지 않은 관념과 언어를 사용하지 않으면 안
되기 때문에 설명을 계속하지는 않겠다. 방정식을 세우고 이것
을 푸는 방법을 구하는 것은 가능하며, 따라서 그 답은 명백하

고 확정적이다. 이것을 하는 법을 이해한다면 스릴을 느낄 수
도 있을 것이다. 〈그림 2〉에 그린 바와 같이 상세하게 예언을
할 수 있고 또 실험*으로 이들을 점검할 수 있다.

두 번째 예는 천문학이다. 초보 역학 과정에서 중력의 법칙
과 태양의 지구에 대한 인력이 지구를 태양 둘레의 거의 원에
가까운 궤도상에서 움직이게 한다는 사실을 배운다. 관계식을
계산하는 것은 매우 간단하다. 태양과 지구의 질량과 지구 궤
도의 반경을 알고 있으면 지구가 얼마나 빨리 움직여야 하는가
를 계산할 수 있다. 같은 생각이 지구 둘레의 달의 운동에, 또
는 어느 행성의 운동에 적용한다.

당시에는 상대성 이론이 널리 논의되고 있었고, 상대성 이론
의 내용 중에는 간단한 뉴턴(Isaac Newton, 1642~1727)의 이
론에서 예측되어야 할, 궤도로부터 수성(水星)의 운동이 어느
편차를 일으킨다는 예언도 있었다. 콜롬비아 대학에서 한 교수
가 천체역학(天體力學)—궤도상에서 행성의 운동에 관한 연구—이라
는 과목을 개설하고 있었다. 나는 그 과목을 신청했다. 그 의
도는 태양의 인력뿐만 아니라 행성 상호간의 작은 인력을 고
려하여 행성의 예측된 운동을 어떻게 상세히 계산할 수 있는
지를 보여주는 것이었다. 이것은 보통 과목이 아니었다. 실제
로 그 학기에 등록한 학생은 나뿐이었다. 그러나 나의 추억은
이러한 종류의 복잡한 과정을 어떻게 계산하는가를 보는 기쁨
뿐만 아니라, 새롭고 자극적인 상대성 이론의 예측이 관측에

---

* 우리가 수학 이론에서 가정된 정확한 조건을 실험에서 재생할 수 있는
한, 이 점검은 만족하다는 것을 알게 될 것이다. 독자는 위에 쓴 문제의
해의 정확성을 실험적으로 점검하려고 할 때 예기되는 약간의 실제적 곤
란을 느낄지 모른다.

의하여 어떻게 입증되는가를 몸소 조사해 보는 기쁨이었다. 나는 유일한 학생이었으므로 교수는 이미 공지한 강의 프로그램에서 벗어나는 자유를 갖게 되었다. 우리는 시간의 반 이상을, 당시 그를 완전히 만족시키지 못한 실험적 사실을 재조사하는 데 사용했다.

우리는 태양과 태양 가까이 지나는 광선 사이의 만유인력에 관한 실험적 증거를 재조사했다. 물리학의 실제적 발전을 이처럼 가까이 본다는 것은, 집을 멀리 떠나 있는 한 방랑자를 덮치는 뜻밖의 일을 또한 설명할 것이다. 〈그림 3〉의 점 I에서 광선이 지정한 방향으로 한 별이 멀리 떨어져 있고, 또 지구가 이 점에 있을 때 관측자는 모든 다른 항성에 대하여 정확히 이 방향을 고정할 수 있다고 생각하자. 6개월 후 궤도상의 지구가 점 II에 도달할 때, 별에서 오는 빛은 지구상의 관측자에 도달하기 위하여 태양 가까이 통과하지 않으면 안 된다. 빛은 태양의 중력장(重力場)을 통과할 때 편의(偏倚)를 받게 될 것이다. 관측자는 점 II에서 점선으로 표시된 최초의 관측 방향으로 별을 보는 것보다 오히려 점 II에서 편의된 실선방향으로 별을 보게 될 것이다. 보통 이러한 상태에서는 태양의 밝음 때문에 보통 별을 관측할 수가 없다.

이리하여, 미지의 분야에 관한 과학적 탐구는 안개 속의 지리적 탐험과 매우 비슷하다는 것을 알기 시작했다. 연구가는 전에 보지 못한 무언가를 찾고 있으며 또 그는 간신히 식별할 수 있는 무언가를 최초로 발견하려고 생각하여야 한다. 이것을 기존의 장치로 분명하고 명확하게 볼 수 있었다면 오래전에 발견되었을 것이다. 그는 무척 주의 깊게 보는 것을 배워야 하고,

24

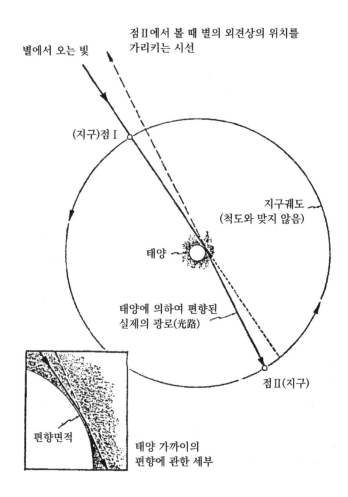

별에서 오는 빛

점Ⅱ에서 볼 때 별의 외견상의 위치를 가리키는 시선

(지구)점Ⅰ

지구궤도 (척도와 맞지 않음)

태양

태양에 의하여 편향된 실제의 광로(光路)

점Ⅱ(지구)

편향면적

태양 가까이의 편향에 관한 세부

〈그림 3〉 태양의 중력은 빛이 태양 가까이를 지날 때 빛을 굽힌다. 지구 궤도상 반대점에서 별을 볼 때, 별에서 오는 빛의 이러한 편향은 별의 위치에 겉보기 이동을 일으킨다. 아인슈타인(Albert Einstein, 1879~1955)은 이 현상을 예언했다. 〈그림 4〉와 이 그림을 비교하라

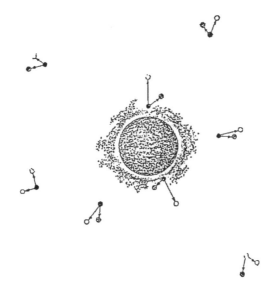

● 점 1에서 보이는 위치
● 점 2에서 보이는 이론적 위치
● 일식 중 점 2에서 관측된 위치

〈그림 4〉월식 때, 별의 이동이 관측된다. 예측 위치와 관측 위치 사이의
　　　　차가 어두운 원과 밝은 원으로 표시되어 있다. 이 모순은 대기
　　　　중의 빛의 만곡에서의 불규칙에 의한 것이다

또 짙은 안개에서 우연히 일어나는 사소한 것과 현실적 대상을
구별하는 법을 배워야 한다. 넓은 연구와 새로운 장치 및 방법
의 개발이 있은 후, 그의 연구 대상을 여러 면에서 접근하고
또 분명하게 볼 수 있게 되는 것은 보통 상당히 후의 일이다.
그러나 일식 기간 중 태양 가까이에서 별의 변위(變位)를 주의
깊게 조사하고 해석하는 천문학자 경우와 같이, 전문가는 한
번 보면 완전히 만족스럽고 결정적인 것으로 된다.

　이것들은 나를 매혹시켰던 경험이었고, 과학 연구를 열심히

계속하게 했다. 아는 바와 같이 다른 모든 학생과 비슷하게 나도 많은 분야의 과목을 배우지 않으면 안 되었다. 이 공부들 중에서 나의 주된 일은 한 특수한 제목, 즉 자기학(磁氣學)으로 발전되었다. 다음 장에서는 나의 기억에 따라 내가 자기학에 관하여 배운 최초의 일을 기술한다. 이것을 기점으로 하여 나는 내 생애의 후반에서 이 과제의 새로운 면으로 나아갔고, 또 나를 둘러싼 세계에 관해 그 관계를 새롭게 통찰하며 걸어왔다.

2장
자기 및 전기

모든 독자는 자석이란 무엇인가에 관하여 막연한 관념을 얼마쯤 가지고 있고 또 북극과 남극에 관하여 들은 바 있을지 모른다. 이 장과 다음 장에서 자극(磁極)에 관하여 얻을 수 있는 지식을 상세히 기술하고, 또 끝으로 그러한 것은 존재하지 않는다는 것을 결론짓겠다. 나는 탐정소설을 들음으로써 나는 자기학을 배웠고, 큰 변경 없이 여러분에게 이것을 전하는 데는 그럴 만한 이유가 있다.

그러나 '실제로 그렇지 않은 것을 가지고 어째서 귀찮게 하려는가?'라고 질문할지 모른다. 과거의 과오를 가르치려고 하는 것보다 실제의 사실을 붙들고 늘어지는 것이 더 좋지 않을까? 그 답은 노(No)다. 우리는 진실이라고 믿는 관념뿐 아니라, 제한된 타당성을 가진 관념, 즉 어느 정도만 진리인 생각에도 관심을 가져야 한다.

예를 들면 지구는 확실히 둥글며 평평하지 않다. 그러나 지방의 도로 지도나 도시 지도를 만들기 위해서는 지구의 표면이 평탄한 것처럼 다루는 것이 더 좋고, 간단하며, 보다 실제적이다. 작은 영역을 고찰할 때 평탄함에 대한 이 생각은 거의 완전히 진리이다. 뉴욕 주 5개 도시의 상대적 위치를 평탄한 표면상에 매우 정확하게 표시할 수는 있으나, 지구 대륙의 상대적 위치를 표시할 수는 없다. 이것을 위해서는 구(球)가 필요하다. 따라서 지구가 둥글다 하더라도 뉴욕의 도로 지도를 구면 상에 만든다고 주장하는 것은 어리석은 일이 될 것이다.

한 지역에서 진실한 관측이 다른 지역에서는 진실이 아닐지 모른다. 이것을 기억하라. 보통 우리 주변에서 유용하고 진리라고 알려진 몇 개의 관념들이 집에서 멀리 떨어져 방황할 때도 반드시 진리일 것이라고 가정하는 것은 현실적으로 어리석은 표적이다(또 이것은 가장 현명한 사람들이 때때로 드러낸다). 사람이 건물에 들어갈 때, 어떤 지방에서는 모자를 벗는다. 이 관습이 보편적이라고 생각하는 과오를 범해서는 안 된다. 집에만 있는 사람은 이러한 일을 모르고 있으나 경험 있는 여행자는 알고 있다. 우리는 자연에 관한 관념 세계에서 경험 있는 여행자가 되도록 힘쓴다. 우리는 우리 주변에서 매일 생각하고, 보고, 듣는 여러 종류의 사물로 모든 만물이 만들어진다는 생각을 버릴 용의가 있어야 한다.

자극

이 책의 주제인 자기, 자석 및 자극으로 되돌아온다. 대학의 처음 과정에서 자석에 관하여 내가 무엇을 배웠던가? 늘 그렇듯이 무미건조한 정의로부터 시작해야 한다. 우리는 장차 이야기하려는 확고한 무엇인가를 가지고 있어야 한다. 아마 독자들은 작은 장난감 자석을 가지고 놀았던 일이 있을 것이고 또 자석의 끝이 서로 끌고 미는 것을 관찰했을 것이다. 자석 사이에는 반발력과 인력뿐만 아니라, 서로에 대하여 자석의 방향을 바꾸게 하려는 회전력, 즉 돌게 하는 힘도 존재한다. 나침반의 바

늘은 자석이 중심점 둘레를 자유로이 돌도록 만들어진 작은 막
대자석에 지나지 않지만, 나침반을 사용하면 이러한 회전력을
가장 편리하게 관찰할 것이다.

철 나침반 바늘을 무엇이 그렇게 특이한 방법으로 움직이게
하는 것일까? 방향성을 갖고 있지 않고 또 남북을 가리키지도
않는 구리 바늘 또는 알루미늄 바늘, 나무로 된 바늘과 이 철
나침반 바늘을 구분하는 성질은 무엇일까? 처음에 사람들이 이
작은 바늘 속에는 어느 물질도 아닌 무엇인가 존재한다고 생각
하는 것은 무척 자연스러운 일이었다. 이 무엇인가를 '자기'라
고 일컬으며 자침(磁針)의 두 끝은 다르게 움직이므로 그들은
다른 종류의 자극을 가지고 있다고 생각했다. 북쪽을 가리키는
나침반의 바늘 끝을 두고 북쪽을 찾는 극을 가지고 있다고 말
했고, 한편 남쪽을 가리키는 반대의 끝을 남극 또는 남쪽을 찾
는 극을 가지고 있다고 말했다. 상당히 강한 막대자석을 다루
어 보면 자석 속에 자극(磁極)이라고 불러도 좋은 무엇인가가
존재해야 하고 또 두 종류의 자성(磁性)이 존재한다는 것을 확
신하는 것은 쉬운 일이다. 나침반 바늘 또는 매달은 막대자석
으로 실험을 해 보면 같은 종류의 극들은 서로 밀고, 한편 종
류가 다른 극들은 서로 끈다는 관찰에 곧 도달한다. 한 자석의
북극은 한 자석의 남극에 끌린다. 북극들은 서로 밀고, 또 남극
들도 서로 민다.

지구의 북극과 남극에 관해 나침반의 바늘이 방위를 갖는 것
은 지구의 내부에 자석이 있다는 데 기인한다고 생각된다. 그
자석의 끝 또는 극은 지리상의 극과 가깝지만 완전히 일치하지
는 않는다. 나침반의 바늘의 북극을 북쪽을 가리키는 극, 즉 지

리상의 북으로 끌리는 극으로 정의했고, 또 종류가 다른 극들은 서로 끈다고 했으므로, 지구 속의 자석은 지리상의 북극 아래에 자석의 남극이, 지리상의 남극 아래에 자석의 북극이 있어야 한다는 것을 알 수 있다.

우리는 자석의 서로 작용하는 힘을 설명하기 위하여 '자극'이라는 것의 존재를 가정해 왔다. 이제 한 과학자가 이러한 현상들을 어떻게 분석해 왔는지를 이해해보도록 하자. 양석(量的)으로 측정하고 이들 측정을 어떤 종류의 법칙 또는 공식에 의하여 기술하려는 시도를 통해서만 이 일이 이루어질 수 있다.

떨어져 있는 두 물체 사이의 힘의 일면을 보면 어느 힘이든 그 물체 사이의 거리에 의존하고 있다. 거리가 떨어졌을 때 작용하는 자기력뿐만 아니라, 물리학자는 물체 사이의 중력과 대전체(帶電體) 사이의 정전기력을 다루지 않으면 안 된다. 서로 종류가 다른 힘 사이에 정확한 유사성이 있는지를 발견하는 것은 흥미로운 일일 것이다. 이러한 모든 힘은 물체 사이의 거리가 증가할수록 그 크기가 감소한다. 힘과 거리 사이의 이러한 관계를 정확히 어떻게 기술할 수 있을까? 두 물체가 서로 다른 거리에 있을 때 이 두 물체 사이에 작용하는 힘의 크기를 계속 측정하고 이 결과를 간단하게 표로 만듦으로써 시작할 수 있다.

도표 작성을 요약하는 간편한 방법은 〈그림 5〉의 그래프처럼 이것을 그림으로 그리는 것이다. 여기서는 수직축 위에 힘을, 수평축 위에 거리를 표시했다. 도표 위 임의의 한 점은 특수한 거리에서 특수한 힘을 가리키게 된다. 이 그래프에는 네 개의 다른 곡선이 그려져 있으며 물체 사이의 거리가 거리에서의 힘에 관해 우리가 기대한 경향을 모두 가지고 있다. 그래프 상의

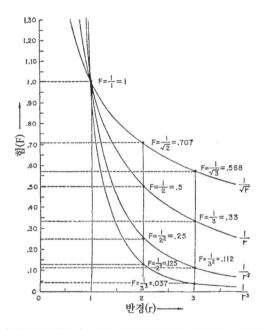

〈그림 5〉 원격력은 여기서 그린 수식의 하나에 따라서 감소될지 모른다. 자극에 의한 힘을 측정하여 보면 이 힘은 역제곱의 법칙, 즉 곡선에 따른다는 것이 확인된다

네 개의 곡선은 특수한 방법으로 그려져 있다. 첫째로 이들 곡선은 모두 공통점, r=1과 F=1을 지나고 있으며 이것은 단위의 거리에서 단위 크기의 힘을 표시하고 있다. 두 물체 사이의 거리가 1피트일 때, 그들 사이의 힘은 정확히 1온스라는 특수한 경우라고 생각하여도 좋다. 거리가 증가하거나 감소함에 따라 이 곡선들은 힘에 관하여 몇 개의 가능한 변화를 표시한다. 오른쪽 제일 위에 있는 곡선은 거리의 제곱근의 1을 계산하여 얻어진 것이다. 이리하여 1의 제곱근은 1은 1과 같고, 또 이것은 점 F=1과 r=1을 준다. r=2일 때는 F=1/$\sqrt{2}$로 되고 이것은

0.707로 계산된다. 비슷하게 어떤 거리에서도 힘의 크기를 계산할 수 있다. 이러한 특수한 계획에 따라 변화시키면 거리의 제곱근의 1은 간단히 계산된다. 제2의 곡선은 공식 $F=1/r$에 따라서 그린 것이다. 여기서도 다시 $r=1$일 때 $1/1$은 1이 되고, $r=1$에서의 곡선은 점 $F=1$을 지나간다. 그러나 r이 2이면, 즉 거리가 2배로 되면 곡선은 점 $1/2$인 0.5를 지나고, 또 거리 $r=3$에 대해서는 곡선은 점 $1/3$인 0.33을 지나간다. 다른 곡선도 동일하게 공식 $F=1/r^2$, 즉 $1/(r \times r)$에 따라 그려져 있고, 제일 아래의 곡선은 공식 $F=1/r^3$, 즉 $1/(r \times r \times r)$에 따라 그려져 있다. 실험 결과와 이 곡선들 중의 어느 한 곡선 또는 물체 사이의 어떤 다른 임의의 거리함수(函數)를 간편하게 비교할 수 있다.

앞의 그래프에서 나오는 지식과 기술을 읽노라면 지루하다. 그러나 나는 학창시절 일찍이 이러한 종류의 그래프를 그린 기억이 있다. 실제로 이렇게 하는 것은 재미있었고 지금도 그렇다. 아무렇게나 생긴 모양을 가진 곡선이 아니라 정확히 기술되는 곡선을 그릴 수 있다. 모든 곡선군(曲線群)은 단 하나의 공식에 포함된다. 예를 들면 〈그림 5〉의 곡선들은 $F=1/r^n$로 모두 기술된다. $n=1/2$, $n=1$, $n=2$ 및 $n=3$으로 표시된 곡선을 그려왔다. 이러한 종류의 곡선을 생각하거나 그릴 때에 어떤 심미적인 기쁨이 있는 한편 한 거리에서의 물리적 힘을 측정할 때 또 근사한 유사성이 존재하는지, 또는 수학적 공식과 조사된 물리적 현상 사이의 정확한 상호 관계까지도 존재하는지를 결정할 때 큰 스릴이 있다. 중력, 전기력 및 자기력은 물론 정확히 그리고 세밀히 연구되어 왔다.

중력과 정전기력은 모두 법칙에 따른다는 것이 실험적으로 알려져 있다. 만유인력에서 이 법칙을 비용이 들지 않는 장치를 사용하여 조사한다는 것은 불행하게도 무척 어렵다. 지구상에서 두 물체 사이의 인력은 너무 작다. 그러나 태양 둘레의 행성의 운동을 예측하는 우리의 능력은 이 힘이 거리의 제곱에 반비례하여 변한다는 중력의 법칙의 가정에 의존하고 있고, 또이 예측의 성공은 만유인력에 대한 $F=1/r^2$형의 실험적 입증으로 간주된다. 정전기력은 더 쉽게 측정된다. 두 가벼운 물체를 대전(帶電)시키고, 이들을 서로 다른 거리에 있게 매달아서 그들사이의 인력 또는 반발력의 변화를 거리의 함수로 측정할 수 있고, 여기서 다시 이 힘은 $1/r^2$ 법칙에 따라 변화한다는 것을안다.

자극 사이의 힘의 법칙도 비슷하게 역제곱 법칙일까? 이것을 시험하려는 생각은 한 난관에 빠지게 된다. 한 부호를 가진 자극을 다른 부호를 가진 자극과 따로따로 얻는다는 것은 불가능하다. 자기화된 막대의 반대쪽 끝에 자극들이 나타난다는 것을 보아왔다. 그러나 예를 들면 전하를 뗄 수 있듯이 이 자극들을 막대에서 뗄 수는 없다. 이것이 〈그림 6〉에 그려져 있다. 막대를 반으로 잘라서 막대의 두 끝에 있는 남극과 북극을 분리하려 해도 자른 끝에 새로운 극이 생긴다. 따라서 자른 막대의 각 부분은 여전히 한 끝에는 북극을, 다른 끝에는 남극을 가지고 있다. 이 사실은 장차 어느 자기론으로 설명하여야 할 것이다. (+)전하와 (-)전하는 분리되고 격리시킬 수 있으나 자극은 남과 북으로 그렇게 할 수 없는 이유는 무엇일까? 전기적 현상과 자기적 현상 사이에 현실적인 차이가 있다는 것은 명백하

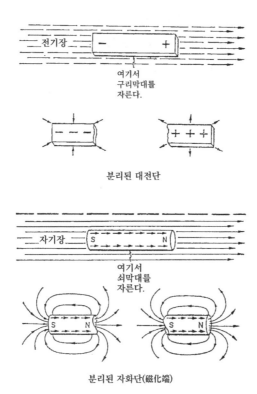

〈그림 6〉 전극 또는 전하와 달리, 자극은 반드시 쌍을 이루고 있으며 분
　　　　리될 수 없다

다. 전기력은 분리 가능한 극, 즉 전하에 의한 것이지만 자기력
은 쌍극자(雙極子)에 의한 것이며, 이것은 어떤 이유로 분리될
수 없는 반대 극성을 가진 한 쌍의 극들로 되어 있다.

　그러나 자극 사이의 힘의 시험은 적어도 근사적으로 둔사법
(遁辭法)에 따라 이루어질 수 있다. 전하 사이의 힘을 거리의 함
수로 최초로 측정했고, 그 역제곱 법칙을 수립한 쿨롱(Charles
A. de Coulomb, 1736~1806)은 18세기 말에 그의 발견을 처음

예증했다. 자기 측정은 무척 긴 자기화 된 막대를 사용하고, 인접한 끝 사이의 힘을 측정하여 이루어진다. 이때 인접한 끝은 그들의 효과가 무시될 수 있을 정도로 다른 끝들이 충분히 떨어지게 방향을 잡는다. 이 장치가 〈그림 7〉에 그려져 있다. 이와 같이 이루어진 측정은 정전기력이나 중력의 법칙과 비슷하게 자극 사이의 힘의 법칙이 역제곱 법칙이라는 것을 가리킨다.

얼핏 보아서는 이것은 '자극이 존재하고 현실적인 것이라는 증거'로 생각될지 모른다. 이 이론을 얼마쯤 다음과 같이 기술하여도 좋다고 생각할지 모른다. 중력과 정전기력은 역제곱 법칙에 따르므로, 또 자극 사이의 힘은 비슷한 법칙에 따르므로 우리 사고(思考) 속에, 질량과 전하가 갖고 있는 것과 같은 종류의 타당성을 자극이 가지고 있다고 가정하는 것은 당연하지 않을까? 이 이론은 옳지 않다. 또 쿨롱의 실험에서 관찰된 역제곱 법칙은 단지 근사적으로만 성립한다는 것을 알게 될 것이다. 실제로 이 법칙을 엄밀히 적용할 정도로 충분히 자극을 나눈다는 것이 불가능하다.

이것이 여러분을 당황하게 했는가? 자극을 나누지 못한다는 사실, 한 막대에서 자극을 제거하고 다시 본래의 자리에 놓지 못한다는 사실, 자극을 분리할 수 없다는 사실―이러한 일들은 여러분이 최초로 열렬히 받아들인 것을 해치기 시작한 것인가? 그럴지도 모른다. 이들은 비린내 나는 환경이다. 그것들은 올바른 냄새가 나지 않는다. 이 문제를 조금 더 추구하여 보자. 만일 두 개의 구형질량(球形質量)―예를 들면 태양과 지구―사이의 인력에 뉴턴의 역제곱 법칙을 적용하려면 어느 정도 정밀하게 그들 사이의 거리를 선택하여야 하는가? 상세한 의론은 위에서

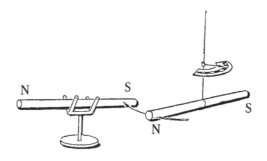

〈그림 7〉 쿨롱은 자극 사이의 힘을 조사하는 실험에서 18세기에 이와 같은
장치를 사용했다. 자극화 된 막대가 무척 길면 근사결정(近似決定)이
가능하다

고찰될 거리가 정확히 태양의 중심에서 지구의 중심까지의 거
리라는 것을 가리키고 있다. 동일하게 두 개의 구형 대전체(球
形帶電體) 사이의 힘의 역제곱 법칙을 고찰하려고 할 때 힘의
계산에서 사용해야 될 거리는 구형 전하 분포의 중심 사이의
거리이다. 다음 자기력을 고찰하려고 할 때 자극의 구형 분포
를 만들 수 없다는 난점에 직면한다. 실제로 어떤 특수한 실험
에서도 극의 분포가 어떠한 것인지 명백하지 않다. 우리는 이
것을 어떻게 알아낼 수 있을까? 실제로 자석 위의 극을 어떻게
볼 수 있게 될까? 학생이 수행하여야 할 매우 간단한 실험이
그 답을 가져다준다. 자기화 된 막대 끝의 자기 상태는 자기가
루 모형으로 편리하게 연구될 수 있고, 이것이 자극 근방의 자
기장을 고찰하게 한다.

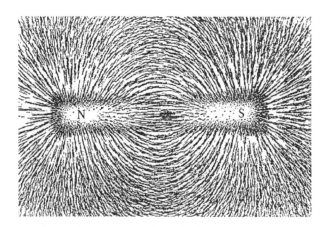

〈그림 8〉 쇳가루는 자기장 속에서 무늬를 이루고 줄을 서게 된다. 각 자기
　　　　장 선(磁氣場線)을 자석 속으로 연장하면 이 선들은 한 점에 모이
　　　　지 않는다는 것을 알게 될 것이다

자기장

　자석 위에 한 장의 종이를 놓고, 그 종이 위에 쇳가루를 뿌
린 다음 조용히 종이를 가볍게 두드리면 〈그림 8〉 또는 6장의
〈그림 22〉에서 보는 바와 같은 가루입자의 배열을 보게 될 것
이다. 자석 바깥쪽의 공간에 명백히 모양을 가진 무엇인가가
존재하고 한 대칭을 이루고 있다. 무엇인가가 쇳가루를 한 줄
로 정렬시키고 있으므로 그것은 물질적 대상에 작용을 미칠 수
있다. 자석 둘레에 있는 이 '무엇인가'를 우리는 자기장이라고
부른다. 사람들은 장(場)이 '실재(實在)'라고 말하는 것을 주저하
곤 한다. 선생님이 나를 가르쳤을 때, 다음과 같이 언급했었다.

　『쇳가루는 실제로 작은 나침반의 바늘이다. 종이를 가볍게 두드릴
때, 바늘들은 방향을 바꿀 수 있다. 바늘의 북극은 자석의 남극 쪽
을(어느 정도) 가리키고, 바늘의 남극은 자석의 북극 쪽을 가리키도록

바늘들은 방향을 바꾼다. 쇳가루가 나타내는 모형은 작은 '나침반 바늘'이 자석 가까이에 있을 때 어느 방향으로 가리키는가를 나타내는 선의 복잡한 계(系)에 지나지 않는다. 이 장(場)은 어떤 거리에서 자기력을 기술하는 데 무척 편리하다』

오늘날 우리는 확신을 갖기 어렵다. 대상물 둘레의 공간, 공기 원자 사이의 '진공', 원자핵 안의 입자 사이의 영역 등은 명백히 완전한 무(無)가 아니다. 그 공간은 에너지와 운동으로 가득 차 있다고 생각하여야 한다. 여러분이 보고 있는 종이 속의 원자들은 쉴 새 없이 춤추며 밀고 당기고 있다. 우리는 원자가 없는 진공 공간에서는 더 복잡한 활동이 있다고 한층 더 확신하고 있다. 에너지와 질량을 이리저리로 통과시키고, 대칭성과 구상(構想)을 갖고 있으며, 비록 우리와 맞부딪치지는 않더라도 우리의 생활에 영향을 주는 겹겹으로 겹친 '장들'이 있다. 원자 너머, 나침반 바늘을 넘어 공간에서 공기와 완전히 별도로 자기장이 있다. 자기장은 가장 실재적이고 중요한 것이다. 예를 들면 이들은 먼 방송국에서 우리의 수신기로 오는 라디오와 텔레비전의 신호에 관하여 본질적인 것이다. 이 자기장은 돌이나 꽃 또는 빵과 같이 실재라고 생각하여야 될 것이다.

이제 자기장은 자석의 끝에 있는 극에 관하여 무엇을 우리에게 가르쳐 주는가? 자기장의 선은 자석의 끝, 즉 극에서 퍼져 나가고 다른 끝으로 곡선을 그리며 사라진다. 예를 들면 만약 그들이 두 개의 구로 집중된다면 〈그림 9〉에서 보는 바와 같은 그림을 갖게 될 것이다. 이와 같은 전기장은 만들 수 있다. 그러나 자석의 장은 자극이 항상 퍼져 있고, 〈그림 8〉에서와 같이 자극들은 한 자석의 끝에 걸쳐서 표면에 칠해져 있다. 따라

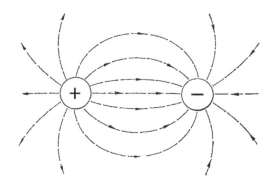

〈그림 9〉 전하가 두 구에 집중된다면 이와 같이 보이는 전기장이 만들어질
수 있으나 〈그림 8〉과 〈그림 25〉에서와 같이 자기장은 자석의 끝
에서 반드시 퍼져 있다

서 힘에 관한 쿨롱의 역제곱 법칙을 점검할 수는 없다.

그럼 우리는 어디로 가야하는가? 19세기 후반에 많은 사람은
어떤 만족스러운 방법, 즉 문제의 성질을 더 깊숙이 보는 어떤
방법, 이들 난제를 이해하는 데 도움이 되고 동시에 서로 상관
되는 많고 새로운 복잡성과 사실들을 개방하는 데 도움이 되는
방법을 찾아서 헤매었다. 탐정들은 육감에 의존했다. 그러나 그
들은 무엇이 명백한가를 볼 수 없었다.

아마 고양이의 그림이 감추어져 있는 그림, 예를 들면 나무
와 같은 것을 본 일이 있을 것이다. 고양이를 찾는 요령은 단
지 주의하고 눈을 뜨는 것이 아니다. 그림을 '올바른 방법'으로
보아야 한다. 일단 고양이가 발견되면 눈은 이것을 쉽게 찾아
낼 수 있다. 이것이 발견되기 전에는 고양이는 감추어져 있다.
자극과 많은 중요한 과학적 발견의 비결은 이것과 무척 닮아있
다. 진리는 바로 코앞에 있다. 어떤 광선속에서, 어떤 각도로

그 사진을 쥐고 있는 것과 같이 당신이 요구하는 단서를 주기 위한 단 하나의 작은 실험을 할 필요가 있을 것이다. 자주 이 실험이 이루어지고, 사실들은 바로 거기에 있으며 또한 우리가 보기에는 너무 지루하다. 그리고 누군가가 외친다. '알았다!' 자기의 신비와 모호한 자극의 신비에 관해서도 그랬다. 단서는 다음 장, 「전기」에 있다.

전기

자기장의 실제적인 근원은 외르스테드(Hans Christian Oerste, 1777~1851)가 1820년 행한 실험에서 발견되었다. 이것은 전류와 자기장의 상호 작용에 관계한 것이었다. 많은 사람이 전기(스파크, 번개, 도선 속의 전류)와 우리가 이미 논의한 자기장 사이에 어떤 종류의 상호 작용이 있어야 한다는 것을 이미 추측하고 있었다. 몇 해 동안은 실패뿐이었다. 외르스테드는 자주 공개 강연을 열었고, 또 그 강연에서 전기 현상과 자기 현상을 예증했다. 특히 그는 전류와 자석 사이에 관측할 수 있는 아무 상호 작용도 존재하지 않는다는 것을 자주 언급했다. 그는 상호 작용이 존재한다면 전류는 나침반 바늘을 전류에 평행하게 한 줄로 서게 만들 것이라고 생각하고, 그 밖의 모든 것은 '불합리한' 것으로 생각했다. 실험에서 그는 〈그림 10〉에서 보는 바와 같이 나침반을 놓았다. 그는 스위치를 닫으면 나침반 바늘이 회전하게 될 것으로 기대했지만 이와 같이 바늘을 놓았을 때 그 결과는 항상 부정적이었다. 어느 날, 강의가 끝나고 나침반 바늘을 전에 있던 위치에서 이동시킨 후 외르스테드는 전기

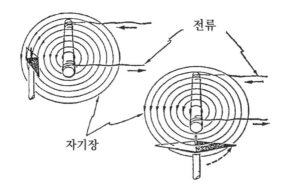

〈그림 10, 11〉 외르스테드는 이러한 장치로 전류와 자석 사이의 상호 작용을 예증했다. 그가 도체를 자침 위 또는 아래에 놓았을 때 자침 은 전류 방향과 직각으로 배열했다

회로의 스위치를 닫았다. 놀랍게도 하나의 힘이 존재했다. 나침반 바늘은 전류와 직각의 방향을 가리키게 된다는 것을 발견한 것이다.

〈그림 11〉과 같이 실험을 했을 때 그 결과는 긍정적이었다. 바늘은 전류에 직각으로 놓였다. 자연은 '불합리한' 방법으로 행동하고 있었다. 사실 이것은 외르스테드와 같은 시대의 사람에게는 너무 불합리하게 생각되었으므로 그들은 뒤에 이루어진 강의에서의 실증을 맹렬히 반박했다. 뒤의 관중이 상대성 이론에 관한 '불합리한' 관념을 '싫어'했듯, 관중은 직각으로 작용하는 힘을 싫어했다. 예를 들면 내가 시카고대학의 학생 시절에 그곳에서 아인슈타인이 강의에서 주장한 바와 같이, 질량은 속도에 따라 변화하는 불합리한 관념이었다. 이러한 종류의 옛 편견을 깨닫고, 또 거짓된 관념이 '합리적'으로 생각되므로 그것에 우리 자신이 집착한다는 것을 깨닫기는 어려운 일이다.

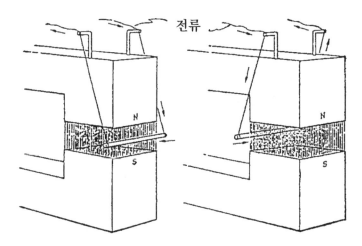

〈그림 12〉 전류가 흐르는 도선이 자기장의 방향과 직각으로 자기장 속에
매달리면 옆으로 이동한다

외르스테드는 전류가 흐르고 있는 도선 근처에서 나침반 바늘을 움직여 만드는 자기장을 연구할 수 있었다. 전류에 의하여 생기는 자기장은 도선을 둘러싸고 원형을 이룬다는 것이 조사에서 나타났다. 전류 가까이에 놓은 나침반 바늘은 전류와 직각으로 움직이려는 경향이 있다. 전기와 자기 사이의 최초의 중요한 관계가 그것 때문에 수립되었다. 자기장은 운동하는 전하 또는 전류에 의하여 만들어지는 것이다. 다음 단계는 자기장이 전류에 의하여 만들어진다는 것뿐 아니라, 자기장이 자석에 적용할 수 있는 힘의 운동 중의 전하 또는 전류에 작용하는 바로 그 힘이라는 것을 표시하는 것이었다. 이것은 〈그림 12〉에도 나타나 있다. 전류가 자기장의 방향과 직각으로 있도록 자기장 속에 놓여 있는 전류가 흐르는 도체는 옆으로 밀리게 될 것이다. 그러나 이것이 사실이라면 전류가 흐르고 있는 두

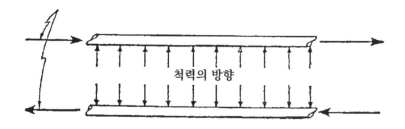

〈그림 13〉 평행 도체는 전류가 반대 방향으로 흐르면 서로 밀어낸다.
전류가 같은 방향으로 흐르면 도선은 서로 끈다

개의 도체는 확실히 서로 자기력을 작용하여야 한다. 예를 들어 〈그림 13〉에 그려져 있는 두 개의 평행인 도체를 생각하자. 위의 도체는, 제2의 도체의 둘레에 직각인 원형 자기장을 가지고 있다. 이 도체에 전류가 흐를 때 전류가 같은 방향으로 흐르는가 반대 방향으로 흐르는가에 따라 인력이나 반발력이 존재하게 된다. 이제 우리는 진정 어디론가 가고 있다. 운동하는 전하는 서로 자기력을 작용한다는 것을 확정했다. 자기화된 막대 또는 자석 사이의 힘을 해석하는 데 있어 어떻게 이 지식을 이용할 수 있을까? 한 작은 나무 원통에 감긴 도선 코일은 자기화된 쇠막대의 자기장과 매우 비슷하게 외부 자기장을 만들 것이다. 또 이러한 두 개의 도선 코일이 서로 작용하는 힘은 막대자석들이 서로 작용하는 힘과 매우 비슷하다. 그들은 마치 극을 가지고 있는 것처럼 행동한다. 사실 이들은 비록 극이 존재하지 않더라도 코일의 한 끝 가까이에 북극을, 또 다른 끝 가까이에 남극을 가지고 있다. 전류의 하나 또는 둘 모두를 차단하거나 전류를 거꾸로 하여 확인될 수 있는 바와 같이 힘은 코일 속을 흐르는 전류에 전적으로 의존하고 있다.

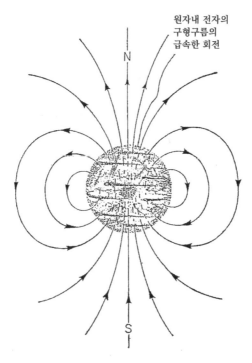

<그림 14> 운동 전자는 전류이며 원자 안에서도 자기장을 만든다

그러나 자기화된 철편과 반자성체(反磁性體) 둘레에 전류가 흐르는 도선 코일 사이에 어떤 관계가 존재할 수 있을까? 이것을 이해하기 위하여 물체의 구조에 좀 더 깊숙이 파고들 필요가 있다. 원자는 전자의 구름에 둘러싸여 있는 원자핵으로 되어 있다. 어떤 종류의 원자에는 어떤 축 둘레를 시계의 반대 방향보다는 시계 방향으로 회전하는 전자가 더 많다. 이때 핵 둘레에 전자의 회전 운동이 있게 된다. 이러한 전자구름의 운동은 코일 속의 전류가 자기장을 만드는 것과 똑같이 전류를 구성한다. 이것이 <그림 14>에 그려져 있다. 이러한 합성 원운동이

있는 원자들은 자기적이다. 이들은 쌍극자의 장과 동일하게 외부장을 가진 영구 자석이다. 다른 종류의 원자들은 영구 전류를 갖고 있지 않고 또 영구 자석도 아니다. 핵 둘레의 전자들은 한 방향으로 돌고 있는 수만큼 다른 방향으로 회전하여 임의의 양식으로 운동하고 있다.

　이러한 원자 구조의 모습에서 자기화된 막대의 자기성의 해석으로 가는 단계는 명백하다. 자기화된 막대에서 각 원자의 회전 전류가 공동축 둘레를 흐르게 할 수 있다면 이 모든 전류의 합성은 한 코일 속의 전류와 명백히 근사하게 될 것이다. 자기축이 끝을 끝에 대고 한 줄로 서 있는 많은 원자들은 길고 가는 자석과 같이, 또는 도선의 코일이 서로 인접되게 배열된 길고 가는 코일과 같이 움직일 것이다. 나란히 있는 이러한 많은 원자의 줄은 하나의 큰 코일보다 오히려 많은 자석 또는 나란히 있는 많은 코일과 비슷하게 될 것이다. 그러므로 자기화된 자석 둘레에 흐르는 등가표면전류(等價表面電流)를 일으키는 모든 이러한 원자 속에 전하의 통합된 원운동 때문에 자기화된 쇠막대는 자기적이라고 생각하여도 좋다. 그러나 이것은 물질의 자기성의 해석에 관해 가장 유망한 지도이고, 이 책의 뒷부분에서 더 추구할 것이다. 이것은 극이 단독으로는 분리되지 않는다는 사실을 설명한다는 점에 주의하라. 막대자석을 자름으로써 고립된 남극과 북극을 얻을 수는 없으나, 각 반토막은 다시 북극과 남극을 갖도록 한 쌍의 새로운 자석을 얻는다. 각 반토막은 장선(場線)이 한 끝에서 들어오고 다른 끝에서 나가게 되며 전류가 흐르는 코일과 등가(等價)이다.

　탐정소설은 끝났다. 비밀의 열쇠는 명백하다. 물론 수수께끼를 찾아내고 풀어야 할 끝없는 세부적인 것이 있다. 그러나 우리의 틀렸던 생각은 마침내 명백해졌다. 셜록 홈스(Sherlock Homes)는 이제 다음 사건으로 옮겨갈 수 있고, 청소 작업은 왓슨(Watson)에 맡길 수 있게 되었다.

세계의 안팎에서

이상이 내가 대학 물리학 과정에서 배운 자기학에 관한 것들이다. 대학원 연구를 시작하기에 앞서 나는 독립적으로 물리학을 연구하기 위하여 베를린에서 1년을 보내기로 결심했는데, 그 해는 대단히 자극적인 해였다. 나는 아주 유명한 교수들의 강의를 많이 들었다. 내가 다른 어떤 과목보다 사랑하고 있다고 생각하는 열역학(熱力學)을 양자론(量子論)의 아버지인 플랑크(Max Planck, 1879~1960)에게 들었고, 결정(結晶)에 의한 X선의 회절을 발견하고 매주 새로운 발견과 생각을 논하는 공동토의(Colloquium)에 다녔던 폰 라우에(Max von Laue, 1879~1960) 및 아인슈타인에게서 강의를 들었다. 나는 슈뢰딩거(1887~1961)의 파동역학(波動力學)이 소개된 공동 토의를 기억하고 있다. 그날 밤 집으로 돌아오기 위해 지하철을 탔고, 아인슈타인이 내 뒤를 쫓아 지하철 안으로 들어오는 것을 보았다. 나는 그를 공식적으로 만나지 않았지만, 그는 그날 오후에 관중에 있던 내 얼굴을 분명히 알아보았다. 왜냐하면 그가 곧 이야기를 했기 때문이다. "그것을 어떻게 생각하십니까? 우리는 얼마나 경이적인 시대에 살고 있습니까!"

또, 그때 나는 일생에서 가장 열심히 공부했다. 전자기학의 창설자 중 한 사람인 아브라함(Max Abraham, 1875~1922)이 쓴 두 권의 염가판 책 『전자기학 이론(Theory of Electricity and Magnetism)』을 샀다. 나는 그 책을 처음부터 끝까지 공부했다. 이 책이 무엇을 말하고 있는지 뿐만 아니라 무엇을 암시하고 있는가를 생각하고 이해하며 시간을 보냈다. 뿐만 아니라 나는 대학원생, 젊은 강사 및 연구자 사이에 좋은 친교를 많이 만들었다. 그 한 사람에 마르크(Herman Mark)가 있었는데 지금은 브루클린 공과대학(Brooklyn Polytechnic Institute)의 교수이며, 내가 여러분에게 추천한 「사이언티픽 아메리칸(Scientific America)」 1957년 9월호에 큰 분자에 관한 논문을 게재했던 사람이다. 또 시카고대학의 질라드(Leo Szilard, 1898~1964)가 있었는데, 그는 원자로와 폭발〔맨해튼 계획(Manhattan Project)의 스미스 보고서(Smith Report)를 보아라〕을 포함한 많은 창의를 가진 중요한 인물이었다. 그들은 내가 배우고 있던 것을 논의하던 사람들이었고, 열성을 같이 한 사람들이었으며, 내가 탈선했을 때 과오를 고쳐주고, 책을 소개했으며, 나의 좋은 생각이 몇 년 전에 이미 예기되었던가를 지적해준 사람들이다. 나는 그 관계에 무척 열중했다.

하루는 내가 분주한 거리를 걷고 있을 때 지나가는 한 소녀가 "안녕하십니까, 작은 교수님."하고 말했다. 아마 정말 그 정도로 명백했다면 '작은 교수님'은 교수가 될 소질을 정말로 그 속에 간직하고 있었는지도 모르겠다.

3장
원자와 분자

　야망을 품은 박사 학위 후보생이 방 한가운데 있는 매혹적인 자석과, 가까이에 있는 배전반 위의 큰 도선과 스위치를 조사하고 있었다. 그의 마음에 앞장에서 상세히 설명한 고무적 경험이 크게 떠올랐다. '이것을 사용하는 것은 확실히 재미있을 것이다. 그러나 어떻게? 나는 무엇을 해야 하는가?' 이것이 나의 일생에서 마음먹은 대로 선택할 수 있었던 매우 드문 경우였다. 우리가 보통 아침에 일어날 때, 그날에 대한 일은 이미 계획된다. 이것은 어제 또는 지난주 또는 지난달 또는 지난해에 무슨 일이 일어났는가에 따라 결정된다. 어떤 계획에 종사하고, 이것을 완성하기 위하여 어떤 일을 해야만 한다. 하나의 계획이 끝난 후에도 새로운 계획이 처음 계획의 결과로써 열리게 되고, 어떤 종류의 타성으로 계속하기를 재촉받는다. 때로는 아침에 편지를 폈을 때 예기치 않게 우리의 일생의 과정을 바꾸는 일도 생긴다. 우리의 과정을 변경하고 다른 것을 하도록 강요하는 필요나 이유도 있다. 퍽 드물지만 한 권의 책의 끝에 도달한 후, 다른 책을 여기저기 마음대로 읽기도 한다. 우리는 어떤 특수한 단서를 가지고 어떤 특수한 수수께끼를 풀기 위하여 떠나는 탐정대에 자진하여 참가할 수도 있다. 또는 우리의 강한 호기심과 어떤 구역에서 무엇이 발견될 것인가에 의아해하는 일을 제외한다면 아무 이유 없이 홀로 방황할지도 모른다.

박사 학위를 받다

나는 다양한 자기화율(磁氣化率)을 측정하려고 결심했다. 자기화율이란, 자석이 어느 특수한 물질에 작용하는 힘의 척도를 의미한다. 한 물질의 자기화율이 이와 같이 정의되므로, 자석의 극 둘레의 자기장을 상세히 알고 있다면 이 물질로 된 어떤 특수한 자료와 자석 사이에 작용하는 힘의 세기를 계산할 수 있다. 내가 갖고 싶어 했던 이 강한 자석은 아주 작은 자기화율을 측정하는 데 적당했다. 철의 자기화율을 측정하는 데는 이 자석이 사용되지 않는다. 쇠못이나 볼트는 이것을 이 자석의 극에 가깝게 손에 갖고 있으면 손에서 확 잡아당겨지게 된다. 한편 알루미늄, 구리, 종이, 물 등과 같은 물질은 매우 작은 자기화율을 가지고 있다. 이러한 큰 자석의 극 가까이에 한 조각의 구리 도선을 가지고 오면 힘을 느낄 수 없다. 그러나 유리 또는 알루미늄 조각이나 물이 들어 있는 유리관을 자석의 극 가까이에 매달거나 감도가 무척 좋은 화학 천칭을 사용하면 작용하는 힘을 검출할 수 있다.

내가 자석을 담당하고 있는 교수와 이 문제들에 관하여 이야기했을 때, 그는 자기가 갓 졸업한 학생과 함께 기체의 자기화율을 측정하는 데 이 자석을 사용했다고 말했다. 기체가 자기의 성질을 가지고 있다는 생각은 처음에는 이상하게 생각되었다. 그러나 생각을 거듭하며 주제에 관한 논문을 읽은 후, 이것은 당연하게 생각되었다. 두 개의 막대자석의 북극이 서로 가까이 되도록 하면 자석들은 서로 민다. 어떤 자석의 북극이 다른 자석의 남극 가까이 있도록 돌리면 그들은 서로 끈다. 왜 같은 일이 큰 자석과 기체 분자 또는 원자에서 성립되면 안 되는가?

어떤 자석의 북극 둘레의 영역에 작은 자기화된 원자가, 그 북극이 남극보다 자석의 북극에 가까운 방향을 가지고 있으면 확실히 밀려야 한다. 마찬가지로 원자의 남극이 자석의 북극 가까이 오도록 회전하면 끌려야 한다. 기체 속에서 원자들은 서로 연속적으로 맞부딪치고 서로 방향을 바꾼다. 원자의 열운동 때문에 밀어젖히는 것이 맹렬해지면 이 작은 원자 자석은 무질서하게 방향을 갖게 되며, 한 원자에 작용하는 평균 인력은 거의 무시할 정도로 작다고 생각할 수 있다. 한편, 저온에서는 밀어젖히는 것이 감소되어 전체로서 원자는 그 남극이 자석의 북극 가까이에 더 있음직하다고 생각할 수 있다. 이것은 원자 자석은 그 위치로 자기적으로 회전하려는 경향이 있기 때문이다. 평균적으로 그 결과는 자석의 극 가까이에 기체가 끌리거나 압축될 것이다. 여기서 무엇인가 측정되는 값이 있을 것이다. 가장 간단한 방법은 자석의 극 사이에 진공관을 놓는 것이다. 이 진공관 내부에는 매우 섬세한 용수철저울에, 우리가 자기화율을 측정하려는 기체가 들어있는 작은 유리구가 매달려 있는 장치이다. 이 그림이 〈그림 15〉에 나와 있다. 이것으로 기체 원자에 대한 자석의 인력을 직접 측정할 수 있다.

원리상으로 이것이 바로 우리가 했던 일이다. 그러나 〈그림 15〉에서 기체가 들어있는 작은 구에 자석이 작용하는 힘이 직접 천칭으로 측정되지만, 이 장치를 만드는 데는 한 가지 문제가 있다. 유리 용기에 작용하는 힘이 기체 원자에 작용하는 힘보다 무척 크게 된다는 점이다. 스프링이 유리구를 지탱할 만큼 충분히 강하다면 구에 기체 원자를 도입해도 스프링이 늘어

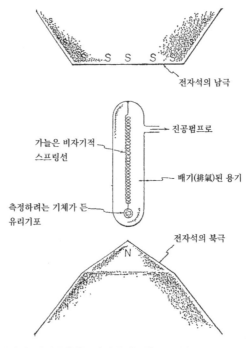

〈그림 15〉 기체의 자기화율을 어떻게 측정할 수 있는가를 나타내는 장치

나게 하는 데 있어 사소한 차이만 만들 뿐이다. 이것이 장치를
설계하는 과정에서 몇 번이나 빠졌던 난관이다. 최초의 생각은
부적당한 것이었고, 난관을 극복하는 데는 창의성이 요구된다.
우리가 측정하려는 힘은 기체 원자에 대한 힘이고, 기체 원자
와 용기를 합친 것에 작용하는 힘이 아니다. 이러한 장치를 어
떻게 만들 수 있을까? 이 문제의 가능한 해결과 널리 사용되어
온 해결이 〈그림 16〉에 나와 있다. 여기에는 장치의 수평 단면
과 연직 단면이 실려 있고, 네 개의 작은 유리구는 가냘픈 섬
유에 매달려 있다. 이 구들은 십자형의 끝에 마련되어 있고, 대
칭성 때문에 자석에 힘을 작용하했을 때 유리구에 작용하는 합

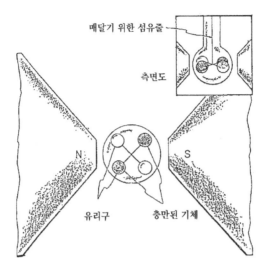

〈그림 16〉 기체의 자기화율을 측정하는 더 실제적인 장치는 유리구에 대한
자기력을 중화시킨다. 기체는 그늘진 구 속에 도입되고 봉입될 수
있다. 더 실제적으로는 그늘진 구가 봉입되어 있고 기체는 그늘이
없는 구에 들어간다

성 회전력, 즉 비틀리는 힘이 0이 되도록 놓여 있다. 매달아놓
은 십자형의 반대 끝에 있는 한 쌍의 구에 작용하는 힘은 이
장치의 대칭성 때문에 다른 쌍의 구에 작용하는 힘과 정확히
평형을 이룬다. 기체를—예컨대 그늘진 유리구 쌍에 비대칭적으로
도입하면—이 매달린 줄에 어떤 관측된 회전력이 기체에만 작용
하는 자기력에서 나타나야 한다.

　원자는 전자의 구름으로 둘러싸인 하나의 무거운 핵으로 되
어 있다. 분자는 두 개 이상의 원자가 서로 붙어서 이루어진
다. 대개의 기체는 분자이다. 예를 들면, 수소는 수소분자를
만드는 두 개의 수소원자로 되어 있다. 마찬가지로 질소와 산

소는 각각 두 개의 질소원자와 두 개의 산소원자로 되어 있다. 이들 기체의 화학식은 H_2, N_2, O_2이며 2원자 분자의 구조를 가리킨다.

자기적 분석을 위해서 원자는 다음 두 가지로 분류할 수 있다. 즉, 원자 외부의 구름 속에 있는 전자가 급속히 회전하고 또 그들은 운동 중의 전하들이므로 자기장을 만든다는 것과, 전자들은 회전을 하지 않고 따라서 바자기적인 것으로 분류된다.

수소(H_2), 질소(N_2), 헬륨(He), 네온(Neon), 아르곤(A)과 같은 대부분의 기체들은 비자기적이다. 이들을 이루고 있는 원자들이 개별적으로 작은 자석(예로서 수소에서와 같이)일지라도 이들이 쌍이 되도록 모이면, 한 원자의 자기화가 다른 원자의 자기화와 상쇄하도록 방향을 바꾸는 것이 보통이다. 흥미로운 예외로서 특히 염기들, 산소 O_2와 산화질소 NO가 있다. 이들 분자는 각기 작은 자석이다. 이들에 관해서는 후에 더 이야기할 것이다. 그러나 콜롬비아대학에서 나의 스승인 윌즈(A. P. Wills) 교수는 대개의 기체는 비자기적 분자로 되어 있으므로, 내가 본질적으로 비자기적인 이들 물질을 조사하는 것을 결정해도 좋다고 말했다.

본질적으로 비자기적인 입자의 자기적 성질을 조사하는 것이 무엇을 의미하는가를 설명하기 위해 여기서 잠시 멈추는 것이 좋겠다. 구성 원자의 하나하나가 한 작은 자석으로 되어 있는 물질을 상자성(常磁性)이라 하고, 또 어느 특수한 경우는 강자성(强磁性)이라고 한다. 합성스핀, 즉 회전 운동이 없기 때문에 구성 원자의 하나하나가 작은 자석이 아닌 물질을 반자성이라 한다. 이 후자에 속하는 원자나 분자를 자기장 속에 놓을 때 무척 작은 자기화는 각 원자나 분자 속에 유도된다. 이 유도된 자기화는 실제로 모든 원자나 분자에 공통된 일이며 그들이 합성각(合成角) 스핀을 갖든 안 갖든 관계가 없다. 이 유도된 자기화가 상자성 원자나 분자의 영구 자기화에 비교하여 너무 작으므로 완전히 무시할 수 있다. 반자성 효과가 관측되는 것은 자기장이 없을 때 자기화 되지 않는 물질에 한한다.

유도된 반자성 효과의 기원은 변압기의 작용과 비슷하다. 전류가 변압기의 1차 코일에 흐르면 한 전류가 2차 코일에 유도된다. 2차 코일에 유도된 전류는 단지 2차 코일로 둘러싸인 철심 내부에서의 변화하는 자기장 때문에 일어난다. 2차 코일 속의 전류는 2차 코일의 도선의 저항 때문에 감소해 버린다. 원자 속에서도 비슷한 효과가 있다. 우리는 전자의 구름을 저항—코일이 아니고—이라고 생각할 수 있다. 원자를 자기장 속에 가지고 올 때 원자 속에는 변화하는 자기장이 있게 되고, 이것은 전자구름 속에 전류를 유도한다. 이 구름 속의 전자의 운동은 방해 없이—즉 저항이 없으므로—진행되고 유도된 자기화는 자기장이 제거될 때까지 유지된다. 자기장이 제거되면 원자의 자기화는 없어진다. 이 유도된 반자성적인 자기화가 갖고 있는 중요한 일면은, 이 자기화가 유도하는 자기장과 반대 방향을 향한다는 것이다. 따라서 반자성체는 자석의 근처에서는 반발을 받으나, 이미 설명한 바와 같이 상자성체는 끌린다.

기체의 자기적 성질을 상상으로 어떻게 측정할 수 있는가, 또 무엇을 배울 수 있는가를 일반적 방법으로 알았으므로 30년 전에 내가 한 것과 같이 콜롬비아대학 물리학과 건물의 8층으로 올라간다고 상상하고 논문 선택에 관하여 윌즈 교수를 만나

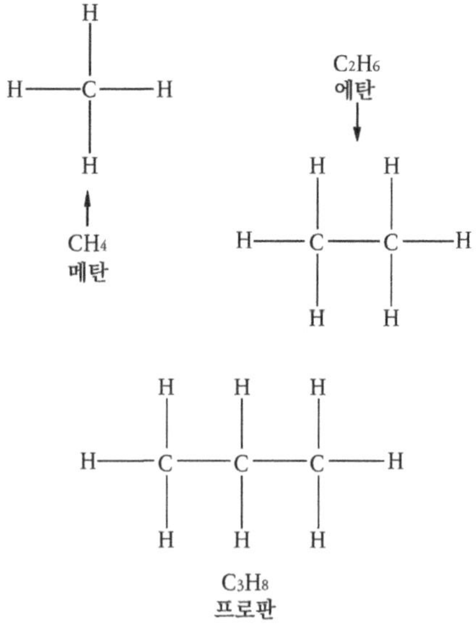

〈그림 17〉 일련의 유기 분자의 구조에 대한 약호

보기로 하자. 그는 분자의 반자성적 자기화율은 그 크기에 밀접히 관계한다는 것을 지적했고, 내각 일련의 유기물 기체, 즉 포화탄화수소인 메탄, 에탄, 프로판과 부탄의 반자성적 자기화율을 측정하도록 제안했다. 이러한 분자의 구조가 〈그림 17〉에 실려 있다. 일련의 기체에서 분자는 CH_2기를 첨가한 만큼 다음 것과 다르다. 직접 측정으로 해결하여야 할 문제는 CH_2기를 첨가할 때마다 분자의 반자성적 자기화율에 같은 양만큼 기여하는가를 아는 것이었다. 이 결과가 〈그림 18〉에 나와 있다. 그 답은 대체로 긍정적이었다. CH_2기를 첨가할 때마다 오차의 한계 내에서 반자성적 자기화율에 같은 양만큼 기여했다. 자기 측정을 분자 구조론의 견지에서 해석하는데 흥미를 갖고 있는,

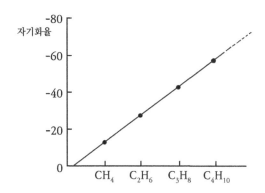

<그림 18> 나의 논문에 대한 2년 동안의 연구가 탄화수소의 자기화율에 관한
이 그래프에 요약되어 있다. <그림 17>에 그려 있는 구조상의 규
칙적인 변화는 여기에 나타나 있는 성질상의 규칙적인 변화를 만
들고 있다

자기를 연구하는 화학자에게 이러한 종류의 결과는 크게 흥미
로운 일이다.

그러나 나의 흥미는 약간 다른 방향으로 향했다. 나의 논문
이 완성된 후 밀리컨(Robert A. Millikan, 1868~1953) 박사와
일을 하기 위하여 패서디나(Pasadena)에 있는 캘리포니아공대
(California Institute of Technology)로 가도록 국립연구 장학금
(National Research Fellowship)을 받았고, 밀리컨은 전자의 전
하를 결정하여 노벨상을 탄 사람이었다. 이때 마침, 나는 결혼
했다. 음악가인 내 아내의 힘으로 우리의 빈약한 수입을 보충
할 수 있었고, 나는 장학금을 받아들였다. 우리는 패서디나의
오렌지 숲에 있는 작은 집을 구하고 살림을 꾸렸다. 마침내 물
리학자로서의 생애가 시작된 것이다.

상자성과 양자론

물리학은 계속 발전하고 있다. 새로운 아이디어가 개발되고, 또 새로운 사실이 발견되어 가는 바깥쪽의 한 끝이 있다. 이 끝은 젊은 사람에게 가장 매력적인 영역이다. 내가 20대 후반에 콜롬비아를 떠나 캘리포니아로 갈 때 물리학에서 받은 큰 자극은 원자 구조와 분자 구조를 진실로 설명하는 양자역학과 파동역학(波動力學)의 발전이었다. 나는 대학에서 교편을 잡거나 산업에서 돈을 모으는 것에 관한 문제에 틀어박히는 등의 타협을 하기 전에, 내가 희망하는 방면에서 연구에 몰두할 수 있는 1, 2년 정도 시간을 갖게 되었다. 나는 기체의 자기화율의 측정을 계속하고, 기술을 향상시키며 또 연구의 범위를 넓히기로 결정했다. 나는 반자성적 기체, 즉 회전 운동을 하지 않은 분자의 기체를 측정하고 있었다. 다음에는 상자성적 기체로 진행하기로 결정했는데, 이 기체는 각 구성 분자의 하나하나가 약간 회전하는 회전의였고, 따라서 자석이기도 했다.

당시의 물리학자에 의해 발전된 생각들은 실로 엄청나게 대담하고 매력적인 것이었다. 양자론이 나오기 이전에 물리학자들은 원자를 작은 태양계로 생각하여 원자핵을 태양과 비교하고, 전자는 태양 둘레를 도는 행성과 비교했다. 태양계와 원자 사이의 차이는 그 규모라고 생각했다. 여기서 인간이 전 역사를 통하여 범한 중대한 과오가 나오게 되었고, 이 과오는 경험에 관한 한 영역에서의 진리로부터 또 하나의 완전히 다른 영역의 진리로 외삽법(外揷法)을 행한 것이다.

명백히, 우리는 모두 잘못 생각하고 있었다. 행성과 위성의 운동으로부터 전자와 원자의 운동으로 외삽법을 행하고 있었

다. 우리가 인공위성을 작은 궤도 또는 큰 궤도로 진입시킬 수
있는 것과 같이 원리상 태양계는 행성들이 운동을 어떻게 시작
했는지에 따라 어떤 크기도 가질 수 있었을 것이다. 만일 동일
한 태양과 동일한 위성들을 갖고 있으나 다른 시각에 다른 조
건으로 운동을 시작한 수많은 태양계가 있다면, 이들은 모두
다른 양식으로 운동할 것으로 생각될 것이다. 시간이 경과함에
따라 그들이 서로 충돌하고 방해한다면 더욱 그러할 것이다.
그러나 원자에 관한 실험적 사실은 다음과 같다. 한 종류의 모
든 계(系)—즉, 같은 종류의 태양과 그 둘레를 회전하는 같은 수의 위
성으로 되어 있는 모든 계—는 그들이 다른 역사를 갖고 또 지구
상의 조건에서 늘 극렬히 충돌한다는 사실에도 불구하고 거의
동일하다고 말할 수 있다.

예를 들면 임의의 한 화학 물질의 원자는 한 조(組)의 색, 그
리고 다른 하나의 조를 정확히 복사한다. 특히 한 개의 전자로
둘러싸인 한 개의 원자핵으로 되어 있는 수소 원자는 한 조의
색을 복사한다. 이 색은 단 한 개의 색이 아니고 일련의 서로
다른 색들이며 모든 수소 원자에 대하여 완전히 동일한 색이
다. 한편으로 전자와 원자, 다른 편으로는 지구와 달 사이에 어
떤 정성적(定性的) 차이가 존재한다는 것은 명백하다.

이 문제들에 대한 해결은 이른바 많은 물질의 입자성(粒子性)
의 발견에서 나타났는데, 우리는 원래 그것이 연속적이어야 한
다고 생각했다. 물질의 입자성은 19세기에 발견되었고 오래 전
에 증명되었다. 예를 들면 공기, 물, 또는 매끄러운 구리와 같
이 연속적으로 보이는 기체, 액체 및 고체는 실은 불연속적인
입자-원자로 되어 있다는 것이 알려졌다. 잠시나마 궁극적인

입자로 생각되었던 것을 발견한 것은 19세기 말과 20세기 초 무렵이었다. 원자는 원자핵과 전자로 되어 있다는 것이 알려졌고, 다른 종류의 화학 물질의 원자핵은 다르지만 전자는 모두 동일했다. 그 후, 이 지식을 더 추진해 왔고, 원자핵은 다시 양성자와 중성자로 되어 있다는 것이 증명되었다. 이 간단한 추상(描像)은 다양한 입자의 발견으로 더욱 복잡해지고 있다. 이들에 관심을 둘 필요는 없다. 이들은 우리가 장차 의논하려는 물질의 자기적 성질에는 거의 관계가 없다고 생각된다.

그러나 물질의 '입자성'과 '원자는 원자핵과 전자로 되어 있다'는 발견은 원자의 성질을 설명하는 데 충분하지는 않았다. 한 화학 물질의 원자는 왜 동일했을까? 이들은 관측된 것과 같이 특유한 진동수나 색만을 복사한 것일까?

완전히 새롭고 예기치 않았던 종류의 불연속성이 자연에서 발견되었다. 이것은 입자들의 운동에 관계된 것이었으며, 특히 입자의 회전 또는 자이로스코프(Gyroscope)의 운동—소위 입자의 각운동량에 관한 것이었다. 우리가 볼 수 있는 물체에 할 수 있는 최선의 측정에 의하면 자이로스코프는 우리가 바라는 어떤 속도로도 회전시킬 수 있었다. 그 각속도를 연속적으로 변화시킬 수 있었다는 뜻이다. 이러한 사실은 눈에 보이지 않는 작은 입자인 원자나 전자에 대해서는 성립하지 않는다는 것이 알려져 있다. 그 점에 대해서는 큰 물체에 대해서도 완전히 성립하지는 않는다. 최소의 양이 존재하고 이것에 따라 팽이의 각운동을 변화시킬 수 있다. 이 양은 무척 작은 물체를 다룰 때에만 관찰되며 또한 중요하다. 어떤 고체 물체도 정지 상태에 있을 수 있고, 어떤 각운동량이나 그 양의 2배 또는 3배 등을 가질 수도 있다. 이와 같이 허용된 각운동량들을 얻어서 원자가 회전하여야 할 여러 속도들은 무척 다르고 또 다양하다. 원자가 이러한 다른 양식들로 변환될 때 원자는 완전히 다른 성질을 갖는다. 한편 거시적 물체는 그 크기 때문에, 위의 각운동량의 비판 기준을 만족하는 데 충분한 각운동을 얻기 위해서는 무척 느린 속도로 운동해야 한다. 따라서 큰 물체에 대한 관측에 의하여 이런 특유한 불연속성을 검출할 수 없다. 그러나 원자 구조론에서 이것은 큰 중요성을 갖는다.

인력을 작용하고 있는 원자핵 둘레의 전자의 운동을 기술하는 규칙이 각운동량의 양자화의 개념—간단히 말하여 회전 운동의 불연속성—과 일치하게 계산되었을 때, 그때까지 이해할 수 없었던 일이 다소 설명되었다.

내가 박사 학위를 얻기 위해 콜롬비아대학에서 공부할 때, 우리는 양자역학의 본질, 복잡성, 정교함을 이해하려고 무척 노력했다. 우리가 배운 것을 서로 가르치기 위해 1주에 몇 번씩 만나는 6명 정도의 그룹을 기억한다. 우리는 물리학을 사랑했고 또 물리학과 건물에서의 생활을 사랑했다. 누군가가 밤낮으로 항상 거기에 있었다. 우리는 보통 콜롬비아 근처의 한 중국 음식점에서 식사하곤 했는데, 음식은 훌륭하고 값이 저렴했다. 우리는 경쟁했다. 특히 배기(排氣)된 유기계(系) 안의 잔류 압력을 측정하기 위한 머클리오드 게이지(McLeod Gauge)를 만들기 위해 유리불기 시합을 했던 것이 기억난다. 이 게이지는 유리로 된 상당히 복잡한 기구로, 파이렉스 유리가 쉽게 이용되기 이전이었던 당시로서는 만들기가 특히 곤란했다. 파이렉스 유리는 그 팽창 계수가 낮기 때문에 공작하기가 쉬웠다. 파이렉스 유리로 만든 부품이 완성되면 이것은 냉각된 후에도 그대로 남아 있게 된다. 그러나 당시 우리가 공작한 연한 유리를 사용하면 이야기는 완전히 달라진다. 우리가 바라는 형태로 유리 조각을 붙여 놓았을 때, 그 재료는 무척 주의 깊게 달구어서 식혀야 하고 또 서서히 균일하게 냉각시켜야 한다. 이를 위하여 달구고 식히는 가마는 이용되지 않았다. 그것을 아주 천천히 냉각시키기 위하여 접촉점(接觸點)에 계속 불꽃이 나오도록 하는 것이 필요했다. 우리가 할 수 있는 모든 주의를 기울였더라도 작품을 완성한 후 다음날 아침에 돌아와 보면 어떤 중요한 부분에서 이것이 조각나 있는 것을 볼 것이다.

그러나 이것들이 자기와 어떤 관계를 가지고 있는가 하고 질문할지도 모르겠다. 자기와 양자론 및 각운동량의 불연속성 사이의 관계는 무엇인가? 양자론에 관하여 환상적이고 당시로서 믿을 수 없는 예측의 하나는 각운동량은 어느 확정된 값만을 가질 수 있을 뿐 아니라, 어떤 허용된 각운동량의 값만을 가진 고체는 자기장에 관하여 어떤 규정된 방위(方位)만을 취할 수 있다는 것이었다. 어쨌든 이것은 받아들이기 곤란하고 '부자연스럽게' 보였다. 팽이가 어떤 확정된 각속도로만 회전할 수 있다는 것은 이상한 일이었지만, 자기장에 대하여 어떤 불연속적인 방향으로만 방위를 가질 수 있다는 것은 더 괴상한 일이었다. 물론, 거시적 팽이의 이러한 방위들은 무척 접근되어 있었고 따라서 검출될 수는 없었다. 그러나 원자에 관해서는 사정이 전혀 달랐다. 하나의 단위의 각운동량을 가진 원자는 두 개의 방위만—적용된 자기장의 방향이나 또는 그 반대 방향—취할 수 있다. 그 중간 방향은 불가능하다. 2 또는 3단위의 각운동량을 가진 원자들은 부가적 방위(附加的方位)를 가질 수 있다.

내가 발전시켰던 종류의 장치를 사용하여 자기화곡선(磁氣化曲線)을 만들 수 있었다. 즉, 자료의 자기화 세기를 적용된 자기장의 함수로, 또 측정이 이루어진 때의 온도의 함수로 도시(圖示)할 수 있었다. 모든 가능한 방위가 가능하다는 고전자기이론(古典磁氣理論)과 불연속적인 방위만이 가능하다는 새 양자론에 의하면 예측된 결과는 눈에 띄게 달랐다. 나와 내 동료가 이것을 증명하기 위하여 기도했던 몇몇 실험이 양자론이 옳다는 것을 명백하게 나타냈다.

자기와 원자선

기체와 액체 속 원자에 대한 실험보다도 한층 더 확신을 주며 자극적인 실험은 거의 동시에 시작된 또 다른 방면의 조사였다. 이 실험은 슬릿계를 지나서 자기장을 통과하는 원자선(原子線)을 사용했다. 그 목적은 자기장에 의한 원자선의 편의(偏倚)를 연구하는 것이었다. 이 이론이 〈그림 19〉에 나와 있다.

배기된 큰 용기 속에 원자선—예를 들면 나트륨과 같은 물질의 증기—이 들어 있다. 화로에서 나온 가느다란 원자선이 일련의 슬릿에 의해 걸러진다. 어떤 장애물이나 편의할 자기장이 없으면 원자들은 어떤 검출기, 예를 들면 사진 건판으로 거의 직선을 이루며 진행하고 충돌 원자는 건판을 검게 한다. 이 원자의 행로에 따라 자석이 놓여 있는데, 그 한 극은 원자선에 더 가깝게, 다른 극보다 더 원자들이 집중되도록 극들이 배열되어 있다. 이 극을 남극이라고 해도 좋다. 원자의 북극이 인접한 자

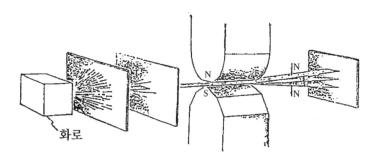

화로

〈그림 19〉 비대칭으로 놓여 있는 자극으로 만들어진 자기장을 원자선이 통과
할 때 원자선의 편의(偏倚)에서 나타나는 것과 같이 원자는 자석이다

석의 남극 가까이에 있도록 방위를 가진 원자선 속의 원자는
자석의 남극에 끌릴 것이다. 이러한 원자는 아래쪽으로 편의될
것이지만, 자석의 남극 가까이에 있는 원자의 남극은 반대 방
위를 갖게 되며 반발력을 받게 되고, 위쪽으로 편의될 것이다.
모든 방위가 존재해야 한다는 고전이론에 의하면, 자기장에 대
하여 평행한 것과 평행하지 않은 것, 중간 방위를 가진 것이
존재하기 때문에 사진 건판 위의 반점은 자기장의 존재로 사방
으로 흩어져 선명치 못하게 될 것이다. 양자론에 의하면 나트
륨 원자와 같이 최소 허용 각운동량을 가진 원자에 대해서는
사진 건판의 반점이 두 개로 갈라져야 한다.

그 결과는 양자론의 예측과 일치했다. 반점(斑點)은 자기장에
의하여 두 개로 갈라졌고, 따라서 의문의 여지없이 각운동량의
불연속성이 존재하며, 확정값만 생각할 수 있을 뿐 아니라 각
운동량은 자기장에 관하여 어떤 불연속인 방위만을 취할 수
있다는 것이 증명되었다.

나는 충돌하는 원자의 집합보다도 원자선 속의 방해받지 않

는 개개의 원자로 일을 하는 이점에 매우 깊은 인상을 받았다. 충돌하는 원자 집합의 현저한 성질은, 이론상 통계적으로 해석되어야 할 어떤 종류의 평균이라야 한다. 통계 이론의 복잡성을 피하는 또 하나의 방법은 원자가 복사하는 빛을 분석하는 것이었다. 대단히 좋은 분광기를 사용하면 다른 방위를 가진 원자의 기여(寄與)가 개별적으로 검출될 수 있도록 기체에서 나오는 빛을 분석하는 것이 가능하다. 나는 이것을 시험해보기로 했다.

자기와 빛

나는 패서디나에서의 2년간 밀리컨 박사의 총감독 밑에서 기체의 자기화율에 관하여 연구했다. 나는 일련의 측정을 했고, 일산화질소 자기화율에서의 특이성에 관한 양자론의 정묘한 예측 하나가 실험적으로 입증된다는 것을 알았다. 나는 최초로 교단에 섰고, 공개 강의를 하는 기회도 가졌다. 2년의 장학금이 끝나갈 무렵, 나는 직업을 구하기 시작했고 저명한 천문학자이며 태양 연구가인 헤일(George Ellery Hale, 1868~1938) 박사로부터 태양의 각 부분에서 사출되는 빛을 분광학적으로 분석함으로써 태양 상의 자기장을 측정하는 기회를 제공받았다. 이것은 실로 내가 꿈꿔왔던 기회였고, 양자론적 예측의 특별한 면을 포함한 자기학의 새로운 분야를 연구하는 기회였다.

나는 빛의 양자론과 제만 효과(Zeeman Effect)를 연구하기 시작했다. 이 효과는 원자에서의 빛의 사출에 대한 자기장의 효과를 말한다. 자기장이 없을 때 어떤 특유의 색, 즉 진동수를 복사하는 원자는 자기장이 작용하면 더 복잡한 스펙트럼을 복사한다. 원자가 복사하는 개개의 스펙트럼선, 즉 개개의 진동수 하나하나는 두 개 또는 세 개 이상으로 분열된다. 이 분열은 보통 무척 작으며, 이것을 검출하기 위해서는 대단히 감도가 좋은 장치가 요구된다. 그러나 이 장치는 거기에 있었고, 또 이 분열을 설명하기 위해서는 양자론이 필요하다.

복사에 관한 양자론은 특정 편견을 제거하도록 요구하고 있다. 고전 물리학의 시대에는 궤도 둘레를 운동하는 전자는 원자핵 둘레를 움직이는 진동수를 가진 빛을 계속적으로 복사한다고 생각되었다. 양자론은 그런 것이 아니라, 전자는 어떤 일정한 진동수로 전혀 복사도 없이 원자 안에서 회전할 수 있다는 것을 주장하고 있었다. 이들 진동수에 대응하는 안전한 궤도는 각운동량의 기본 양자 단위의 상이한 수를 갖고 있다. 이 상태의 원자는 각각 다른 에너지양을 가지고 있다. 가장 에너지가 적은 상태—여기서 전자는 가장 빨리 회전하는 상태—는 안전한 상태이다. 이 상태에서는 복사를 전혀 하지 못한다. 가장 낮은 상태, 즉 바닥상태는 극히 맹렬한 충동을 받지 않은 원자에서 일반적으로 볼 수 있다.

그러나 태양 속에서와 같이 극히 높은 온도에서 기체안의 충돌에 의하여 원자가 맹렬히 폭격을 당하거나 원자가 진공관 속에 들어 있고 전기장으로 가속된 전자가 이 원자와 크게 충돌하면 원자는 더 높은 상태의 하나로 들뜰 수 있다. 이러한 높은 에너지를 가진 상태, 즉 들뜬 상태에서는 원자는 복사하지 않는다. 그러나 더 낮은 상태, 즉 더 에너지가 낮은 상태로 옮기어 바뀌면서 원자는 나머지 에너지를 내보내고 이 에너지가 복사된다. 양자론에서 그 이상의 가정은 다음과 같다. 원자가 복사하는 빛의 특수한 색, 즉 진동수는 들뜬상태에서 그보다 에너지가 작은 낮은 상태로 양자도약(量子跳躍)에서 내보내는 총 에너지양에만 관계한다는 것이다. 이 도약이 클수록 빛은 더 푸르게 되고(진동수가 커지고), 도약이 작을수록 복사되는 빛의 색은 적색 쪽으로(스펙트럼에서 낮은 진동수 쪽으로) 이동한다.

유추(類推)라는 것은 불완전하고 잘못된 길로 빠질 위험이 있지만 원자를 만들고 있는 작은 입자, 즉 전자나 원자핵들의 이러한 특이한 행동을 유추하는 것은 유익한 경우도 있다. 내가 제안하는 유추는 어떤 방이다. 이 방에는 층층대의 계단과 장난감 공기가 있고 그외에는 아무것도 없다. 이 방은 계속 가볍게 흔들리고 있고, 장난감 공기는 보통 방바닥에서 보이게 될 것이다. 그러나 방이 맹렬히 뒤흔들리면 장난감 공기는 우연히 높은 준위로—층층대의 계단의 하나로—올려질 수도 있다. 시간이 경과하면 이 공기는 중간 계단의 어느 하나로 떨어지고 마침내 방바닥으로 다시 내려오게 될 것이다.

양자론에 의하면 이러한 도약에서 복사되는 빛의 색은 장난감 공기가 계단과 얼마나 심하게 부딪치는지에 따라 결정된다. 두 계단이 가깝게 접근해 있으면 장난감 공기는 불그레한 빛을 사출할 것이다. 더 멀리 떨어진 계단에서 도약이 일어나면 장난감 공기가 아래쪽의 계단과 충돌할 때 스펙트럼의 청색 쪽으로 더 향하는 빛을 복사할 것이다. 모든 원자 중에서 가장 간단한 원자, 즉 단 하나의 전자가 그 원자핵 둘레를 운동하는 수소원자에 대해서는 이들 계단의 정확한 높이가 계산된다. 이 장난감 공기의 방에서 가상 계단의 높이가 얼마이며 또 수소원자는 어떤 색을 복사해야 하는지는 이미 아는 양—즉 전자의 질량, 그 전하량 및 각운동량의 허용치—에서 정확히 예측하는 것이 가능하다. 이는 실험에 의하여 정확히 입증된다. 수소원자의 에너지 준위와 장난감 공기 방에서의 계단의 대응되는 높이가 〈그림 20〉에 나와 있다.

이제 우리는 양자론과 원자에 의하여 복사된 빛에 대한 자기장의 예측된 효과에 관하여 무엇인가를 말할 수 있게 되었다. 우리는 자기장 속에서 작은 자석을 회전시키려면 해야 할 일이 있다는 것을 알고 있다. 나침반의 바늘은 스스로 자기장에 평행하려는 경향이 있다. 우리가 이것을 회전시키려 한다면 자석을 밀어 에너지를 증가시켜야 하고, 이 에너지의 증가량은 자석을 얼마만큼 많이 돌리는가에 관계된다. 그러나 양자론에 따르면 원자 자석의 방위는 제한되므로(예를 들면 최저 상태, 즉 바닥상태에 있는 수소 원자는 두 개의 방위만을 가질 수 있다) 원자 자석의 자기화 방향이 자기장과 평행이거나 또는 반평행일 때 원자의 에너지에 대응하여, 자기장은 그 바닥상태를 두 개로 분열한다고 생각해야 한다. 에너지 준위는 자기장으로 분열되므로 이 준위에서 출발하는 전이나 이 준위로 오는 전이에 의하여 복사되는 진동수는 증가될 것이다. 이것이 바로 앞에서 인용한 '제만 효과'이다.

위의 준위에 접근할수록 에너지 준위는 더 가까워진다

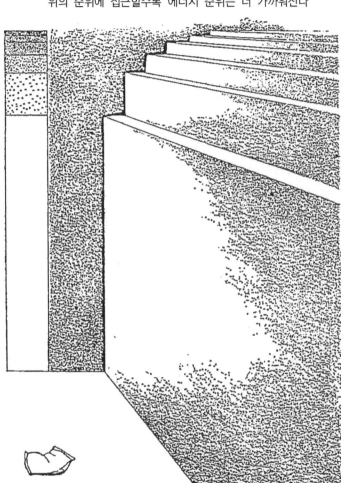

〈그림 20〉 수소의 한 전자가 점유할 수 있는 에너지 준위는 계단의
높이로 나타낼 수 있다

피츠버그로

장래의 전망은 매혹적이었지만 나는 이들 실험을 수행하라는 헤일 박사의 초청에 응하지 않았다. 국립연구재단이 연구원에게 주는 시시한 급료로 2년 동안 생활하다보니, 아내가 음악회를 열어 번 돈에도 불구하고 나는 수백 달러의 빚을 졌다. 나는 도대체 어떻게 다시 경제적으로 자립할 수 있는지를 알지 못했다. 헤일 박사가 그의 태양 관측소에서 일하는 대가로 나에게 준 봉급은 불행히도 너무 적었다. 이 무렵, 인생의 행로를 바꾸는 편지가 도착했다. 웨스팅하우스(Westinghouse) 회사에서 온 것이었다. 그들은 강자성체를 연구하는 사람을 원했는데, 패서디나에 있는 나의 동료 중 한 사람이 기체의 자기적 성질에 관한 일과 자기장에 관한 나의 일반적 관심이 그 자리에 적당할지 모른다고 암시했던 것이다. 나는 그들이 충분히 높은 급료를 지급한다면 응할 것으로 답했다. 또, 여기서 나는 사람들이 그러한 환경에서 잘 덧붙여 말하는 어리석은 의견의 하나를 나 자신에게 말했다. 나는 '물론 내가 바라는 어느 때라도 돌아올 수 있다'고 말이다. 사람은 되돌아갈 수 없다. 인생은 그렇게 전개되지는 않는다.

내가 크게 놀란 것은 웨스팅하우스 사람들이 내가 제안한 봉급에 아무런 이의도 제기하지 않았다는 사실이다. 일은 순조롭게 진행되었고, 새로운 환경에서의 새로운 일이 시작되었다.

4장
강자성

익숙해져야 할 것이 많았다. 그것은 나로서는 처음인 8시에서 5시까지의 근로시간이었다. 원하는 시간에 일할 수 있는 특권이 없어 아쉬웠다. 매일 8시 5분 전, 주차장 앞을 이루는 자동차의 긴 행렬은 불쾌하고, 또 무익하게 보였다. 모든 사람이 정확히 오후 5시가 되면 일을 끝낼 준비를 하는 것은 묘하게 생각되었다. 좀 더 오랫동안 머무르는 것을 금하는 규칙은 없었지만 불편했고, 또 수위 외에는 텅 빈 건물 안에 있다는 것이 무척 기묘하게 느껴졌다. 내 생활은 변했고 나 역시 정확히 5시가 되면 연구실을 떠나는 것에 익숙해졌다.

윌킨즈버그(Wilkinsburg)에서 새로운 일을 시작한 처음 몇 달 동안 나는 세간이 딸린 작은 셋방을 가지고 있었다. 으스스한 아침에 일어날 때마다 캘리포니아에 대한 향수를 느꼈다. 밀집한 3층 주택의 꼭대기에 있는 굴뚝에서 짙은 검은 연기가 거리로 쏟아지곤 했다. 나는 캘리포니아의 햇빛, 우리집 바로 뒤에 있는 오렌지색의 아름다운 과수원, 또 거리에 서있는 종려나무들을 향수에 젖어 회상했다. 일을 할 때는 사정이 달랐다. 연구실험실 자체는 모두 잘 되어가고 있었다. 연구실의 분위기는 내가 알고 있는 어떤 대학의 연구실과 크게 다를 바 없었고, 사람들도 내가 다른 곳에서 사귄 친구들과 그리 다르지 않았다. 그러나 큰 기계가 모여 있고 많은 전기 기구의 부품이 만들어지는 이스트 피츠버그(East Pittsburgh)의 공장을 보았을 때 나는 자극을 받지 않을 수 없었다. 여기에서는 실로 새롭고 자극적인 무언가가 일어나고 있었다. 금속을 구멍 뚫린 프레스로 보내는 것처럼 판에 박은 듯한 일을 하는 미숙련공으로부터 일을 감독하는 기술자까지, 모두 각기 특별한 기술과 우리 생활의 새롭고 중요한 부분의 창조에 대하여 그가 하는 공헌을 자랑하고 있는 것같이 보였다. 큰 일관작업장(一貫作業場)은 여기저기에서 빛으로 뚫린 일종의 안개로 가득 차 있었다. 큰 머리 위의 기중기는 흔들리고 있는 어떤 큰 물체를 올리고 내리면서 덜커덕거리며 움직이고 있었다. 작은 전동차의 줄은 차가 다닐 수 있도록 바닥이 채색된 복도에 기계 장치를 내리고 있었다. 사람들은 청사진을 들여다보고 있었다. 소수의 사람이 이런저런 문제를 의논하기 위하여 붐비고 있었다. 나는 몇 년 후까지도 내가 주위에서 보는 물건의 설계 또는 건설에 중요한 공헌을 할 정도로 충분히 알고 있는지를 의심하기 시작했다.

웨스팅하우스 연구실에서 나의 일은 강자성에 관하여 공부하는 것이었고, 또 가능하다면 웨스팅하우스 제품에 사용된 자성체를 개량하는 데 이 지식을 응용하는 것이었다. 집중된 독서와 연구를 하는 이러한 기회는 환영할만한 것이었다. 연구실에는 썩 좋은 작은 도서실이 있었고, 나는 여기서 몇 시간씩 보냈다. 주제에 대하여 느낌을 얻기 시작했고, 우리의 지식에서 또 무엇이 믿을만하고 강한 것이며, 약점은 무엇인가에 관한 평가를 얻을 때까지 연구했다. 내가 읽은 것을 다시 검토하고, 이것을 재조정하고, 내 스스로 더 명백해지도록 힘쓰기 위하여 논술을 다시 공식화하고, 다른 방법으로 또 다른 관점에서 그래프를 다시 그리고, 이론과 실험을 다르게 비교하곤 했다.

문득 이런 생각이 들었다. 왜 책을 쓰지 않는가? 내가 모으고 있던 이러한 자료는 많은 다른 잡지에 분산되어 있었고, 각각의 논문이 다른 방법으로, 식(式)에는 다른 기호로, 또 다른 가설로 제시되어 있기 때문에 이해하기 어려웠다. 수년 간 강자성에 관한 책은 나오지 않았지만, 많은 새로운 현상이 발견되었다. 양자론이 이 주제의 가장 신비스러운 면에 서광을 던지기 시작하고 있었다. 이것은 유용할 뿐 아니라 직업적으로도 나에게 좋은 일일 것이었다. 나를 대학 생활로 되돌아가게 하는 데 도움이 될지 모르는 일이었다. 나는 자료를 장(章)으로 정리하고 출판사를 찾기 시작했다. 과연, 책은 내가 웨스팅하우스 회사를 떠나 MIT(Massachusetts Institute of Technology)에서 새로운 일을 시작할 때가 되어서야 나왔다. 책을 만들어 내기까지의 한 조그만 실례가 있다.

강자성

상자성체는 작은 자석인 원자로 되어 있다. 이 자석들은 그 중심 둘레를 독립적으로 돌게 되어 있는데 실온(室溫)에서 상당한 열의 동요 때문에 원자들은 맹렬히 돈다. 그들을 전자석(電磁石)의 극 사이의 강력한 자기장 속에 가지고 오면, 열의 동요에도 불구하고 어느 정도 일렬로 서게 된다. 이와 같이 어느 정도 일렬로 서는 결과 상자성체에 작용하는 작은 힘이 존재하게 된다. 한편 자석 가까이에 가지고 온 강자성체는 강하게 끌린다. 비교도 안 될 만큼 큰 인력이 있다.

초기의 원자론은 철 내부의 원자 자석은 결코 보통 상자성체의 원자 자석보다 훨씬 강할 수 없다는 것을 명백히 밝혔다. 매우 강한 효과가 있는 이유는 순전히 작은 자석들 자체 사이에 작용하는 어떤 힘의 존재였고, 이 힘이 열의 동요에도 불구하고 자석들을 모두 평행하게 하려하고, 따라서 철을 강한 자성체로 만든다는 것이었다. 신비로운 것은 이와 같이 일렬로 하는 힘의 성질이었다. 확실히 이것은 자기적인 것은 아니었다. 첫째로 이러한 자기력은 꼭 철만이 아닌 모든 상자성체에 존재하여야 한다. 그뿐 아니라 자기력이 일렬로 서게 하는 경향을 뒤엎는 데 요구되는 열의 동요의 온도를 개산(槪算)하는 것이 가능했다. 절대 온도보다 단지 몇 도 높은 온도에서 존재하는 열의 동요는 서로에 관하여 자석을 임의의 방위로 만드는 데 충분하여야 한다는 것이 계산되어 있었다.

이러한 초기의 연구 이래로, 절대 온도 0℃ 가까이에서 상자성체의 행동이 꽤 상세히 조사되어 왔다. 이것은 주로 지금의 액체 헬륨을 이용한 덕분이다. 액화기체(液化氣體)는 저온물리학(低溫物理學)에서 대단히 중요한 역할을 하고 있다. 이것을 이해하기 위하여 가마 속에 있는 접시가 너무 뜨거워지지 않게 하려면 이 접시를 물이 든 대야 속에 넣는다는 것을 상기하면 된다. 물은 끓는점 100℃ 이상으로 데워지지 않는다. 가마에서 물로 흘러 들어가는 열은 물을 증발시키지만 물의 온도를 올리지는 않는다. 물은 응축된 증기이다. 다른 응축된 증기(기체)는 다른 끓는점을 가지고 있다. 예를 들면 액체 암모니아 NH_3는 -33.4℃에서 끓는다. 액체 암모니아의 접시는 그 끓는점에서 정온저장소(定溫貯藏所)로 사용될 수 있다. 어떠한 기체도 이것을 냉각하고 액체화하며 따라서 저온저장소를 만드는 기계가 건설될 수 있다. 질소는 -209.9℃에서 끓고, 가장 액화하기 힘든 기체인 헬륨은 절대 온도 0℃보다 약 4℃ 높은 -268.9℃에서 끓으며, 절대 온도 0℃에서 열운동은 가능한 가장 작은 양으로까지 감소된다. 상자성의 행동은 절대 온도 몇 도에서 급격하게 수정되며 이것은 자기적 입자 자신의 자기적 상호 작용에 기인한다.

강자성체는 상자성체보다 무척 큰 자기화율을 나타낸다. 그뿐 아니라 강자성체는 자기장 밖으로 나오게 될 때 상당한 양의 자기화율을 보유할 수 있다. 어떤 철합금은 대단히 좋은 영구 자석이다. 그들은 반자성화 되기 어렵다. 그러나 다른 것들은 자기장 밖으로 나오게 될 때 가볍게 치면 반자성이 될 수도 있다. 더 깊이 생각할 점은 다음과 같다. 즉, 강자성 물질 안의 인접 원자가 서로 평행하게 서려는 매우 강한 경향이 있다면 어떻게 이것을 반자성으로 만들 수 있을 것인가?

이와 같이 일렬로 서려는 힘에 관한 하나의 흥미로운 작은 실험적 증거가 중요하다. 일렬로 서려는 힘이 자기력보다 더 강하다면 과연 얼마나 더 강할까? 열운동이 일렬로 서려는 힘을 이길 만큼 크게 되고, 또 강자성체를 상자성체와 비슷한 상태로 만들 만큼의 어떤 온도가 존재하여야 한다. 퀴리(Pierre Curie, 1859~1906)는 지난 세기 말엽에 이 효과를 발견했다. 그는 고온에서 강자성체에 관하여 자기 측정을 했고, 임계온도 (臨界溫度)에서 강자성체는 비자기적이 되거나 조금 상자성적으로 되는 것을 발견했으며, 그 온도를 그의 이름을 따서 퀴리 온도라고 이름 지었다. 철에서 이 온도는 800℃ 근처의 적색

부분이다. 그 온도 이하에서 철은 강하게 자기적이지만, 그 이상에서는 거의 완전히 자성을 잃는다. 또 하나의 강자성체인 니켈은 그 임계 온도가 350℃ 근처로서 무척 낮다. 이러한 온도들은 철이나 니켈에서 일렬로 되려는 경향의 세기를 양적으로 측정한 것이 된다. 모든 강자성체는 그와 같은 임계 퀴리 온도로 특징지어진다.

이러한 힘의 기원은 내가 강자성을 공부하고 있을 때 독일의 물리학자 하이젠베르크(Werner Heisenberg, 1901~1976)에 의하여 충분히 설명되었다. 어떻게 이 힘을 설명할 수 있을까? 나는 이것을 기술하고, 이것에 이름을 짓고, 또 오늘의 물리학자에게는 헌 신발과 같이 익숙한 것이라는 것을 말할 수 있을 뿐이다. 이 힘은 양자론적으로 설명되고 기술되며, 또 이 힘은 원자 구조에서의 다른 현저한 효과, 주로 화학적 효과와 분광학적 효과의 원인이 되는 것과 같은 힘이다. 그러나 강자성체 현상에 관한 전체의 복잡성은 본래적인 것이다. 첫째로 결정 내 원자의 기하학적 배치, 원자와의 상호 작용 및 그 원자들이 가지고 있는 많은 전자와의 상호 작용을 고려하지 않으면 안 된다. 불순물의 존재, 규칙적인 혹은 불규칙한 배치에서의 합금 원소의 다른 결정 불규칙성, 또는 여러 가지 크기와 모양을 가진 결정 입자, 결정 경계 자체 등이 고려되어야 한다. 요구되는 통계적 이론의 난관은 엄청난 것이었다. 사실 관측된 현상의 어느 것도 정밀히 상세하게 설명할 수는 없다. 그러나 철저한 단순화의 방법으로 철이나 니켈에서 보는 성질과 매우 비슷한 성질이 이해된다는 것을 지금까지 증명하여 왔다. 이 범위 안에서 퀴리 온도는 원자 안의 전자의 성질로 설명된다. 자기화

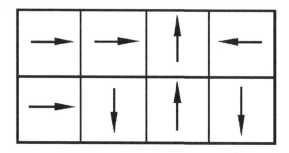

〈그림 21〉 정상적인 자성체의 자기 소거 조건은 자구의 존재 때문이다. 자구
의 원자 자신들은 주로 서로 평행하게 방향을 갖지만 물질 조각
에 관해서는 임의의 방향을 갖고 있는 작은 영역이다

곡선과 온도 의존성은 정성적(定性的)으로 이해되며, 그들의 어
느 면은 반정량적(半定量的)으로 이해된다. 따라서 비록 상세한
것은 알 수 없을지라도 강자성의 기초적 사실의 설명은 가능하
며, 이제는 근본적으로 신비한 것은 아니라고 생각한다.

두 번째 난제는 일렬로 서게 하려는 인접한 원자 사이의 매
우 강한 경향이 존재하는 표본을 자기소거(磁氣消去)하는 가능성
에 관한 것이다. 인접 원자의 상호 작용에 기인하여 일렬로 서
려는 이 경향이 있으나, 동시에 전체로서 비일렬화가 관측된다
면 반드시 일렬화하는 영역 또는 자구(磁區)가 존재하지만 한 자
구에서 다른 자구로 일렬화의 방향이 변화함에 틀림없다. 이러
한 상태가 〈그림 21〉에 그려져 있다. 아마 이 상태는 액체의
응고상태와 비슷할 것이다. 고온에서는 원자의 열운동이 원자를
결속시키는 힘을 파괴하기에 충분하므로 물질은 액체로 된다.
그들은 결국 액체를 만드는 데 충분하게 서로 미끄러지게 된다.
온도가 낮을 때 액체는 언다. 즉, 원자들은 그 이상 서로 떼어
놓을 정도의 에너지를 갖지 못하고, 그들은 어떤 규칙적인 결정

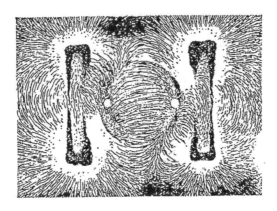

〈그림 22〉 쇳가루의 무늬는 자성체의 흠을 검출하는 데 흔히 사용된다. 같은
기술이 자구를 나타내는 데 이루어진다

학적 배열을 이룬다. 비슷하게 자기 상태에서 퀴리 온도 이상에
서는 원자는 자유로이 회전할 수 있으나, 퀴리 온도 이하에서는
열작용은 한 원자와 그 인접 원자의 일렬화를 파괴할 정도로
강하지 못하고 결국 자연적인 자기화와 자구의 형성이 일어난
다. 액체가 한 거대한 단일 결정을 이루며 결빙하는 일이 일어
날지 모르나, 또 보통의 얼음과자 또는 단단히 압축된 눈뭉치에
서 보는 것과 같이 액체는 많은 작은 결정을 이루고 완전히 다
른 양식으로 결빙하는 일이 일어날지 모른다. 그러므로 어떤 경
우에서와 같이 얼음의 단일 결정 대신에 다결정(多結晶)을 갖고,
또 어떤 경우에는 큰 단일 자구 대신에 여러 자구들을 갖게 된
다고 기대해도 좋을 것이다.

이 가설은 충분히 합리적으로 보인다. 그러나 나는 이러한
자구에 대한 직접적인 증거가 없음에 불만이었던 것을 기억하
고 있다. 한 겨울 저녁, 집으로 걸어갈 때 자구를 눈으로 보이

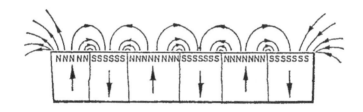

〈그림 23〉 옆에서 본 자구는 위에서 보는 바와 같은 자기장을 가져야 한다. 가루는 자구의 경계에서 모여져야 한다

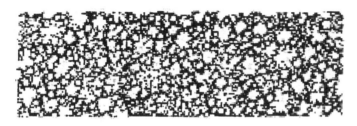

〈그림 24〉 내가 쇳가루로 만든 이 초기 사진에 불규칙한 자구가 명확하게 윤곽을 나타내고 있다

게 하는 어떤 방법을 찾아내는 것이 더 적당할 것이라고 생각했고, 이것이 실제로 이루어질 수 있다는 것이 곧 마음에 떠올랐다. 나는 내 생각을 시험하는 데 필요한 것을 모으기 시작했다. 며칠 사이에 최초로 자구를 보았다.

자구를 보는 방법에 관한 생각은 실로 명백하다. 자기 가루는 강한 자기장의 영역 쪽으로 끌리는 경향이 있다. 이들은 흔히 자기화된 물질의 모퉁이에 있다. 구조상의 내부 결함을 발견하기 위해 자기화된 물질을 연구하는 데 있어 거친 자기 가루를 사용하는 것은 이미 알려져 있었다. 이러한 가루 모형의 예가 〈그림 22〉와 2장의 〈그림 8〉에 나와 있다.

나는 무척 반들반들한 표면을 갖고 거친 가루로 어떤 구조도 나타내지 않는 강자성 물질의 큰 단일 결정을 얻으려 기도했다. 다음에 거친 가루를 갈아서 매우 고운 가루를 만들고, 이것들을 부드러운 단일 결정 표면에 조용히 정착시키는 것을 계획했고, 이 표면에서 강자성 자구의 끝을 나타내는 작은 선을 보기를 바랐다. 만일 이 표면의 단면이 〈그림 23〉에서 보는 바와 같이 작은 구획으로 자기화된다면 이들 구획의 끝에 따라 자기장이 특히 강하게 될 것을 기대할 것이며, 또 거기에 자기 가루가 정착할 것을 더 기대할지 모른다. 이 방법으로 제작한 초기의 가루 그림 하나가 〈그림 24〉에 나와 있다. 가루 모형에 의한 자구의 연구는 여전히 계속되고 있으며, 이 연구를 통해 자성 물질에 관한 매우 가치 있는 지식을 얻었다. 나는 가루를 유효하게 사용한 첫 번째 사람이었다는 사실이 무척 기뻤다.

특허

이 가루 모형은 과학적 견지에서는 충분히 흥미로운 일이었으나 웨스팅하우스의 제품을 개량하는 데는 도움을 주지 못했다. 일련의 회합에서 기술자들은 우리에게 상업적으로 가치가 있는 변압기와 전동기에 사용되고 있는 여러 합금의 자기적 성질의 변화를 설명했다. 이들은 다양한 것이었다. 나는 특히 한 기간동안 변압기 안의 소음 문제에 전념한 일을 기억하고 있다. 변압기는 철심(鐵心)에 감긴 구리 도선을 가지고 있으며, 이 도선에는 교류(交流)가 흐르고 있다. 이러한 경우 철은 윙윙 소리를 내는 경향이 있고 이 소음은 무척 혐오할 만하다. 보도(鋪

道) 아래에 있는 변압기의 소음에 관하여 파크 애비뉴(Park Avenue)에 있는 큰 아파트에서 맹렬한 불편이 있었다고 들었다. 이 소음을 감소시킬 수는 없을까?

또 하나의 문제는 우리가 특히 노력한 것이지만 자기화도의 증가의 문제였다. 이것은 특정 변압기에서 사용되는 철에서 이루어질 수 있었다. 동료 한 사람이 앞서 표본의 시험 보고서를 내놓고 상당한 변동이 있었음을 보여주었다. 즉, 그 이유는 이해되지 않았지만 가끔 평균보다 훨씬 좋은 표본을 얻었다는 것이다. 이 사실은 우리 모두의 공상을 사로잡았고, 우리는 그때까지 우연히 만들어진 가장 좋은 표본을 일률적으로 재생하는 일에 착수했다. 모든 종류의 시험이 우연히 좋았던 소수의 시료(試料)에 착안하여 실시되었다. 그러나 아무도 좋은 시료에서 나쁜 시료와 다른 어떤 것도 발견하지 못했다.

하루는 도서관에서 그 답을 찾았다. 새로운 것은 필요하지 않았다. 수년 전, 쇠의 단결정에 관하여 실험을 한 적이 있었다. 쇠의 결정은 작은 입방체이다. 입방체 끝의 축에 따르는 자기화는 대각선 방향에서보다 훨씬 더 쉽게 이루어진다는 것이 발견되었다. 결국 쇠의 단결정으로 된 상업용 쇳조각을 자기화 방향에 따라 입방체 끝에 놓을 수만 있다면, 우리는 대대적으로 상품을 개량하게 될 것이다.

이것은 실용적으로 유용하지 않은 종류의 지식이었다. 희망하는 척도를 가진 단결정을 만들어내는 것은 완전히 불가능했다. 상품으로 사용된 쇳조각은 다음과 같이 만들어져야 한다. 우선 쇠를 녹이고 정제한다. 다음에는 필요한 얇은 쇳조각이 이루어질 때까지 여러 과정에 따라, 즉 가열하든지 냉각하든지하여 늘리고 긴 막대가 되도록 해머로 두드려 만든다. 이 쇠로부터 사용하려는 부분을 찍어 도려낸다. 내가 읽은 책에 따르면, 시료에서의 차이는 입자방위(粒子方位)에 관계가 있다는 것이 그럴듯하게 생각되었다. 이것을 X선으로 검출할 수 있었다. 내가 조사했던 지침은 확인되었다. 사용된 쇳조각에서 완전한 방위는 존재하지 않으며, 어느 정도의 방위만이 존재하고, 따라서 쇳조각 속의 어느 방향에는 수로 입방체 끝이 있고, 다른 어느 방향에는 주로 입방체 대각선이 있다는 것이 알려졌다. 또 실제적으로 자기화가 입방체 끝의 방향으로 일어나도록 쇳조각이 사용될 때, 가장 좋은 자성이 구해졌다.

그 시기, 금속학을 하는 친구와 함께 일하기 시작했다. 나는 금속학 및 결정학 이론, 또 늘릴 때 생기는 입자 방위에 관하여 공부하려고 힘썼고, 또 일련의 실험도 했다. 새로운 연장과 기술을 사용하는 것은 즐거운 일이었다. 즉, 구부러진 지저분한 것 대신에 아름답고 곧은 리본을 만들기 위하여 주인이 연장을 제어해야 하는 덜거덕 소리를 내는 압연기(壓延機), 형을 뜨기 위하여 윙윙 돌고 있는 작은 괴물, 쾅 소리를 내는 구멍을 뚫는 압착기, 매우 정확히 제어될 수 있어서 숙련공이 턱과 턱 사이의 무는 부분에 감시대를 놓고, 이 감시대 위의 결정을 쪼개는 점까지 유도 장치로 큰 망치가 오도록 하는 큰 수압장치(水壓裝置), 끝에 작은 붉은 불꽃을 가지고 있는 수소열처리로(水素熱處理爐) 등의 장치들을 이용해 입자 방위에 관한 자기적 시험을 발전시켰다. 이것은 한때 대단히 유용한 것으로 판명되었다. 우리는 조금씩 더 좋은 입자 방위를 가진 물질은 어떻게 만드는가를 깨우쳤고, 특허를 출원했다.

진보는 일련의 과오를 통하여 이루어진다. 나는 누군가가 변압기에 쓸 더 좋은 철을 만들어내는 새로운 방법을 발견했다는 것을 들은 기억이 있다. 나는 이 일을 조사했고, 이들 특허가 과거에 이미 출원되었다는 것을 알게 되었다. 이 특허는 어떤 금속학적인 과정에 의하여 성질의 개량이 얻어져야 한다는 것을 주장하고 있었다. 이 주장들은 무질서한 입자 방위는 본질적이라는 것이 나타나 있었다. 이것은 상당히 이상하게 생각되었다. 그러나 이 일을 뒤쫓아 가는 과정은 유익했고, 또 결과로서 무척 만족할만한 물질을 만들었다 하더라도 자기와의 방향에 따라 입방체 끝을 가진 뚜렷한 입자 방위가 실제로 존재한다는 것을 알게 되었다. 특허가 의거한 실험의 하나는 잘못된 것이었다. 이들 특허는 더 좋은 자성체를 만드는 방법을 폭로한 점에서 상업용으로는 가치가 있으나 과학적으로는 만족스럽지는 못했다. 이 특허들은 개량을 위한 물리학적 근거를 보여주지 못했기 때문이다.

출발

이 모든 것은 실제로 몇 해가 걸렸다. 불경기가 계속되었고 봉급은 감소했으며 강요된 장기 휴가는 반복되었다. 이러한 사이에 나는 일탈 삼아 면도를 하지 않았다. 내가 일탈을 마치고 원래 자리로 돌아왔을 때, 나의 수염은 많은 흥미로운 평판을 낳았다. 나는 수염을 기르기로 결정했고, 내가 해군에 들어갈 때까지 약 10년 동안이나 길렀다. 아무 대학에서도 오라는 제의는 없었다. 사실 우리 대부분은 좋은 직업을 갖는다는 것이 무척 다행이라는 것을 느끼고 있었다. 나는 계획을 꾸미기 시작했다. 유일한 길은 어딘가 다른 곳에서, 필요로 하는 분야에서 우수한 업적으로 알려지는 것이 명백했다. 그러나 알려지는 방법은? 나는 좋은 일을 하고 있었으며 때로는 전문적인 그룹에게 이 일에 관한 강연을 했으나 별로 진척이 없었다. 결국 나는 두 가지 방법을 정했다. 첫째는 외국에 가기 위한 구겐하임 장학금(Guggenheim Fellowship)을 지원받는 것이었다. 주의를 끌고 과학적으로 새로운 어떤 일에 공헌할 수 있게 하는 학술적인 일이었다. 1년이 지났다. 나는 논문들을 모아 지원서에 넣어서 보냈으나 몇 달이 지나도 답장은 오지 않았다. 아내와 나는 매일 우체통을 열 때마다 재단에서 온 편지를 갈망하며 기다렸다.

나의 두 번째 계획은 더 복잡한 것이었는데, 그럼에도 불구하고 이 계획이 순조롭게 잘 된 것에 지금도 놀라고 있다. 실제로 나는 강자성에 관한 전문가로 되어 있었다. 나는 이 문제에 관하여 쓴 모든 논문을 잘 알고 있었으며 이들을 상당히 잘 이해하고 있었다. 나는 저명인사가 있는 많은 관중 앞에서 훌륭하고 긴 논문을 발표하는 것이 확실한 방법이라고 결론지었다. 그러나 어떻게 이런 기회를 마련할 수 있겠는가? 물리학회에서 발표한 보통의 논문은 작은 10분짜리 논문이었고, 또 동시에 열리는 많은 분과들이 있었으므로 관중 가운데는 소수의 전문가만 있었다. 이 짧은 논문들을 읽는 것에 더하여, 물리학회는 때로는 한 문제를 철저히 논하는 큰 회합을 열었다. 강자성의 과제에 관하여 내가 기억할 수 있는 것은 하나도 없었다. 아마 당시는 이것의 계통을 세우는 시기였을 것이다.

내가 생각하기로는 이러한 회합은 마련될 수 있었으나 확실히 나는 초청 강연자로 되지 못했을 것이다. 내가 포괄적이고 내용을 잘 설명하는 연설을 할 수 있을 정도로 충분히 알고 있음을 깨닫고 있는 사람은 한 사람도 없었다. 그래서 나는 많은 점에서 이 나라의 중진 자기학자인 한 친구에게 편지를 띄웠고, 우리가 강자성의 과제에 관하여 물리학회에 큰 회합을 열 것을 제안했다. 나는 기조 연설자가 한 명쯤 있어야 한다는 점도 제시했다. 또 나의 친구가 연설자가 될 것을 제안했고, 내가 연구해 온 여러 새로운 발전을 어느 정도 상세히 열거했다. 희망한 바와 같이 나의 친구는 훌륭한 생각이라며 답장을 보내왔다. 단 하나의 결점은 그가 대부분의 논문을 읽지 않았다는 것이었다. 내가 강연을 맡아 본다면 어떻게 될 것인가? 이 일은 순조롭게 잘 되어갔다! 회합은 스키넥터디(Schenectady)에서 마련되었고, 나는 많은 슬라이드를 가지고 훌륭하고 이해하기 쉬운 강연을 준비하는 데 큰 노력을 쏟았다.

나의 강연은 상당한 흥미를 일으켰다. 새로 MIT 총장에 임명된 콤프턴(K. T. Compton, 1887~1954)은 내 이야기가 끝났을 때 흥미와 감사를 표하러 올라오기까지 했다. 그러나 그것이 전부였다. 나는 다시 피츠버그로 되돌아와 매일 같은 일을 계속했다. 아무 일도 일어나지 않았다. 하루는 웨스팅하우스 연구소의 제일가는 과학자이자 발명가인 슬레피안(Joe Slepian)이 점심 후 나를 불러서 MIT가 나를 쓸 수 있는지 물어봤다는 소식을 전해왔다. 웨스팅하우스는 나를 보내려고 생각했을까, 혹은 계속 머무르는 것을 요구했을까? 슬레피안은 크게 동정적이었고 이해가 있었다. 그는 그와 많은 다른 사람이 나의 참된 관심은 대학의 분위기에 있다고 느끼고 있으며, 그들은 결코 나의 진로를 방해하지 않겠다고 말했다.

순탄하게 모든 일이 실현되어 갔다. 결국 영국에서 1년 동안 지낼 수 있는 장학금이 나에게 주어진다는 편지가 구겐하임 재단에서 왔다. 케임브리지에서의 1년은 나의 생애 가장 행복한 해였다. 나는 나를 분발하게 하는 많은 것을 보았다. 꿈에도 생각하지 않던 생활방식과 사상을 가르쳐 준 많은 친구들을 만났다. 나는 몇 달 동안이었지만 잠시 웨스팅하우스사로 돌아왔고, 그 기간은 놀랍게도 금속학자로서 MIT로 이동하기 전 거기서 나의 일을 끝맺는 데 충분했다. 나는 금속의 자성에 관한 전문가, 즉 직업적 금속학자가 그 공학 분야에서 발견하고 사용하여 온 금속과 합금의 특성에 관해 이해하려는 물리학자가 되어 가고 있었다.

5장
더 강한 자석

자기장의 세기는 가우스(Gauss)라고 부르는 단위로 표시된다. 이 가우스는 특히 수학, 천문학 및 자기학에 전념했던 저명한 과학자 가우스(Karl Friedrich Gauss, 1777~1855)의 이름을 따서 명명된 것이다. 이 단위의 개념에 대하여, 우리는 상당히 약한 자기장—예를 들면 지구 표면에 존재하는 자기장—은 1가우스보다 약간 작다고 말할 수 있을 것이다. 장난감 말굽자석의 극 사이의 자기장은 수백 가우스 정도로 높을 것이고, 상용 기구에서 사용되는 것과 같은 강한 자석에서는 1천 가우스 정도이다. 내가 논문을 만들기 위하여 사용한 전자석과 같이 큰 전자석의 극편 사이에서는 2만~3만 가우스 정도의 자기장을 만들 수 있다. 이보다 좀 높은 자기장은 철전 자석으로 발생되며, 이 자석의 뾰족한 극편 사이가 무척 작은 용량으로 제한되므로 위의 자석은 그리 유용하지는 않다.

제한의 이유를 찾는 것은 어렵지 않다. 전자석은 도선 코일로 둘러싸인 철심으로 되어 있다. 도선 속의 전류가 그 철을 자기화하고, 자기화된 철은 극 사이의 간극에 자기장을 만든다. 앞장에서 자기포화(磁氣飽和), 즉 모든 작은 강자구가 같은 방향으로 움직이고 있을 때 이루어지는 상태를 논했다. 실내 온도에서 철은 자기장이 2만 가우스 근처인데, 이것은 철심 자석으로 만들어낼 수 있는 거의 최대 규모의 자기장이다. 3만

가우스 정도로 조금 증가한 것은 앞서 말한 효과 때문이다. 자기장은 구석이나 뾰족한 곳 가까이에 집중되려는 경향이 있다. 판판한 극편보다 뾰족한 극편에서 더 큰 자기장이 얻어질 수 있다.

카피차의 자석

구겐하임 장학금으로 영국에 머무는 동안, 나는 귀국 후 MIT에서 어떤 새로운 일을 시작할 것인가를 계획하고 있었다. 하나는 철심 자석으로 만들 수 있는 자기장보다 더 강한 자기장을 만드는 것이었다. 다른 방법은 철을 전혀 사용하지 않고 전류를 흘려서 구리를 유효하게 사용하는 데 집중하는 것이었다. 도선의 코일을 통과하는 전류는 그 중심에 자기장을 만들 것이다. 전류가 클수록 자기장도 더 강하게 된다. 여기서 포화 효과는 존재하지 않는다. 내가 알고 있는 한 전류가 증가하면 자기장도 한없이 계속 증가한다. 전류를 2배로 하면 코일의 중심의 자기장도 2배로 된다. 문제는 실제로 이것의 성공이 얼마나 가능한가를 찾아내는 것이다. 케임브리지에서 카피차(Peter Kapitza, 1894~1984)와 상세히 이 문제를 논한 것이 회상된다. 카피차는 영국에 와 있던 러시아(구소련)의 총명한 과학자로서 과학계의 중요한 일원이 되었고, 그를 위한 연구실이 세워졌다. 그는 강한 자기장을 만드는 새로운 방법을 개발하는 데 선구적인 일을 한 뒤 러시아(구소련)로 돌아간 사람이다.

코일에 무척 큰 전류를 통과시켜서 강한 자기장을 만들고자 할 때의 주된 난관은 충분히 강한 전류는 코일을 가열시키고,

녹이고, 모양을 찌그러뜨리며 파괴하려는 경향이 있다는 점이다. 카피차의 해결법은 위험할 정도까지 코일을 가열하여 충분한 에너지가 나오지 않도록 짧은 시간 동안만 전류를 코일에 통과시키는 방법이다. 이 계획은 많은 실제적 난관을 내포하고 있었다. 그러나 카피차는 과학자일 뿐만 아니라 기술자이기도 했다. 그는 이런 종류의 맥동(脈動) 자기장을 만드는 기발한 기구와, 자기장이 거의 일정하고 지속적일 때 1초의 몇 분의 1 사이에 물질의 성질을 측정하는 장치를 설계하는데 성공했다.

카피차는 코일의 이 바람직하지 않은 가열을 극복하여 이 수법을 발전시키는 데 큰 진보를 가져왔다. 그러나 결국은 또 하나의 제한, 즉 코일의 세기에 마주치게 되었다. 알다시피 자기장 속을 전류가 통과하면 전류 자신이 자기장을 만들어 코일의 도체에 힘을 작용하는 결과를 가져온다. 코일은 찌그러지고 밀려나 마침내 부서지게 된다. 큰 전류를 만들고 또 이 전류를 극히 짧은 시간 사이에 스위치로 개폐하는 장치뿐만 아니라 무척 강한 코일을 만드는 것이 필요하게 되었다.

1930년, 카피차는 가장 흥미로운 장치물을 완성시켰다. 30만 가우스, 즉 철심 자석으로 가능한 자기장의 약 10배 크기의 자기장을 안지름이 약 1㎝ 되는 작은 코일로 만들어냈다. 그는 이 코일을 만들고 움직였을 뿐만 아니라 물질의 성질이 어떻게 강한 자기장에 의해 영향을 받는가를 보여주는 실험을 해냈다. 그러나 카피차가 케임브리지에서 떠난 후로 이 연구는 정지되었고, 몇 년 후까지 다시 논의되지 않았다.

나의 자석

내 생각은 일정한 자기장을 만드는 방향으로 향하고 있었다. 1/100초 사이에 행하기에는 무척 어렵고 또는 불가능한 실험들이 많다. 나는 저온을 유지하기 위한 액체 공기와 같은 액체 기체가 들어 있는 보온병이나 또는 고온을 유지하기 위한 화로를 코일의 내부에 놓을 수 있도록 더욱 큰 지름을 가진 코일을 설계할 수 없을까 생각했다. 아직 실험할 여지가 남아 있었다. 이때 의문이 일어났다. 이용되는 전력이 가장 효율적으로 사용되도록 하려면 어떻게 코일을 감아야 하는가? 냉각 액체의 방법으로 구리 도선의 표면에서 얼마만큼의 열을 제거할 수 있는 것일까? 어떤 종류의 열 흐름이 가장 적당할 것인가? 어떤 액체가 가장 유효한 것인가? 그 기능을 다하기 이전에 액체가 끓어 증발하지 않도록 어떻게 이것을 도입할 것인가?

귀국하여 마침내 MIT의 사무실에 돌아왔을 때, 이 문제들은 나의 마음에 끓고 있었다. 나는 이것들을 하나씩 해결하기 시작했다. 어떤 문제는 흥미 있는 연구거리가 된 것도 있었다. 중요하다고 생각되는 어떤 일을 계속한다는 것, 또 뜻밖에 도움이 된다든지 방해가 될지 모르는 모든 작은 잡동사니를 조사하는 것은 즐거운 일이다.

일정한 전자원(電子源)으로 가능한 가장 강한 자기장을 일으키는 코일을 설계하는 방법에 관한 문제는 언급할만한 흥미로운 한 예이다. 우선 나는 이것이 실제적 문제라는 것을 확신했다. 사람에 따라서는 이것을 다음과 같이 생각할지 모른다. 즉 코일의 다른 부분에는 다른 크기의 도선을 사용하여 속이 빈 원통 위에 코일을 감으려한다면 도선의 크기에 관한 가장 좋은 선택이 있었을까? 예를 들면 원통의 어떤 길이에는 아주 가는 도선을 사용하고, 더 굵은 도선으로 더 긴 길이에 걸쳐 덮어 쌀 수도 있을 것이다. 임의의 원하는 외형을 갖고 코일의 다른 부분은 다른 비율로 전류가 열을 발생하는 코일을 완성할 수 있을 것이다. 이러한 코일은 일정한 전동기에 연결할 때 같은 크기의 도선으로 전체를 감은 코일보다 더 큰 자기장을 일으킬 수 있을까? 이 문제는 다음 것을 시도함으로써, 예를 들면 두 개의 다른 도선을 사용하고 균일하게 잘 감긴 코일보다도 더 좋은 코일을 두 부분으로 설계하는 것이 가능한가를 조사함으로써 간단히 해결할 수 있을지 모른다. 이것을 해결하고 개량이 가능하다는 것을 확신하는 데는 그리 오래 걸리지 않았다. 그렇다면 가장 좋은 가능한 코일을 발견하려면 어떻게 해야 할까? 코일 속의 어떤 변화가 효율이 더 나쁜 코일을 만들어낼지도 모르는 점에 대하여 손을 대는 것만이 필요했을까? 이러한 수속은 시간 낭비와 싫증나는 것같이 생각되었을 뿐 아니라, 내가 생각하지 않았던 어떤 완전히 다른 설계가 더 좋을지 모른다는 가능성도 남기고 있었다.

나는 무언가 기억하고 있었다. 일찍이 대학원 시절, 나는 임의의 일정한 온도에서 기체 내 원자의 속도 분포, 즉 가장 확률이 높기 때문에 대자연이 주장한 분포를 구하는 방법을 배웠다. 가장 확률이 높은 속도 분포를 발견하는 이 문제는 자기장을 만드는 데 가장 효과가 큰 전류 분포를 구하는 나의 문제와 매우 비슷했다. 이것은 이전 세기에 영국의 맥스웰(James Clerk Maxwell, 1831~1879), 독일에서는 볼츠만(Ludwig Boltzmann, 1844~1906)에 의하여 최초로 해결되었다.

참으로 재미있는 일, 즉 문헌을 깊이 조사하여 맥스웰의 문제가 정확히 어떻게 해결되었는가, 나 자신의 문제에 적용하기 위하여 이 해(解)를 어떻게 수정할 것이며 또 그 답을 어떻게 구할 것인가, 이 답이 실용적인가를 조사하고, 또 이것이 보통 사용하는 코일 등의 성능을 실제로 얼마나 개량했는지 등을 기억하고 재발견하려고 힘쓰며 며칠이 지났다. 이 해답은 그리 고무적인 것은 못 되었다. 코일을 만드는 도중에 크기를 바꿀 수 있는 코일을 사용함으로써 균일하게 감은 코일에 대하여 가장 좋게 설계된 것보다 꼭 1.52인수(因數)만큼 그 중심에서 자기장을 증가시키는 것이 가능하다는 것을 발견했다. 그러므로 모든 종류의 실제적 곤란을 조사한다면 1.5배 또는 조금 더 크게 성능을 균일하게 개량할 수 있을 것이다. 이것으로 문제는 해결되었고, 더 이상 생각하는 것은 무익했다. 결국 이들 계산은 코일의 성능을 상당히 개량하는 실제적 방법을 나에게 가르쳐준 셈이다.

다음 문제는 코일을 냉각하는 방법이었다. 우리가 설계할 수 있는 가장 효과적인 냉각 코일에 얼마만큼의 전류를 실제로 흐르게 할 수 있으며 따라서 얼마만큼의 강한 자기장을 실제로 만들 수 있을 것인가? 나는 공학을 하는 어느 동료에게서 열의 흐름에 관한 책을 얻어 고체에서 액체로 그 표면을 흐르는 열의 전달에 관하여 공부를 시작했다. 내가 배운 첫째는 액체가 두 가지 중 한 방법으로 표면을 흘러 지나간다는 것이었다. 예를 들면, 낮은 속도에서 관내의 물은 유선(流線)을 이루고 흐른다. 물의 각각의 부분은 관의 축 방향에 따라 흐른다. 그러나 물의 속도가 증가하면 흐름은 난류가 되는 어느 점에 도달한다. 작은 소용돌이 또는 회전이 발생한다. 이러한 난류 상태에서 관에서 물로 향하는 열전도는 한층 더 효과적이다. 다행히 난류의 조건은 어쨌든 내가 코일을 냉각하는 데 있어 요구되는 조건이었다. 물을 과열하지 않기 위해서는 될 수 있는 한 빨리 코일 속으로 물을 밀어주어야 하며, 또 이것은 난류가 일어나는 경향이 있다는 뜻도 된다.

다음 논점은 표면의 ㎠당 얼마만큼의 열이 실제로 제거될 수 있는가를 계산하는 것이었다. 여기서 나는 큰 실망에 빠졌다. 당시의 기술자들은 표면에서 많은 열을 제거해본 일이 전혀 없었다. 데이터는 모두 소량의 열만을 제거하기 위한 것이었고, 기대되는 양을 표시하는 곡선은 사물을 극한으로 밀고 가본다면 무엇이 일어날 것인가를 보여주지 않은 채 모두 끝나고 있었다. 물은 적합한 냉각매질(冷却媒質)이라고 생각되었다. 물이 흐르고 있는 관이나 구멍의 온도가 물의 끓는점 또는 그 이상이라면 무엇이 일어날 것인가? 뜨거운 난로 위에 침을 뱉을 때 형성되는 것과 같은 수증기층이 만들어질까? 아무도 몰랐다. 몇몇 화공학과 학생과 매캐덤즈(William H. McAdams) 교수의 도움을 받아서 그것을 연구할 실험을 준비했다. 우리는 주제에 관하여 교과서에 기록되어 있는 것보다 훨씬 더 많은 열을 표면의 각 ㎠마다에서 배내는 것이 가능하다는 것을 발견했다. 난류에서 형성되는 어떤 수증기층도 곧 액체 안으로 파고 들어가고, 수증기는 응축하며, 수증기층이 연속적으로 존재하지 않고도 열은 액체로 전달된다는 것을 알았다. 나의 설계에 대한 중요한 숫자는 매 ㎠에 대하여 200W였다. 우리는 냉각되는 표면의 매 ㎠마다 적어도 200W를 빼낼 수 있다는 것을 알았고, 또 이것

을 통해 전에 만들어진 어떤 자석보다도 더 좋은 자석을 만드
는 것이 가능해졌다는 것을 알게 되었다. 우리는 더 전진할 수
있는지를 알기 위하여 가능한 한 한계를 탐구하는 것보다 이
시점에서 실험을 정지하고, 이 계산에 입각하여 자석을 만들기
로 했다.

밴의 도움

이리하여 MIT에서 최초의 강력한 수냉식(水冷式) 코일의 설계
가 점차 발전되었다. 이 점에 관하여 흥미로운 얘기는 문헌을
철저히 조사한 결과, 이러한 시도는 우리가 최초가 아니었다는
것을 알게 되었다. 1차 세계대전 중 두 명의 프랑스인이 이를
시도했다. 그들은 수냉식 코일을 설계했고, 또 그들이 코일을
작동하는 데 필요한 동력을 간편하게 얻을 수 있는 유일한 장
소는 파리에 있는 어떤 큰 백화점의 사설 발전소였다는 것도
알아냈다. 그들은 전쟁 때문에 일을 중지해야만 했고, 그것은
약 20년 동안 잊혀 있었다. 나의 설계는 그들과는 완전히 다른
것이었다. 나는 내 자신의 계획에 따르기로 결심했다. 이제야
나는 그 프랑스인들과 같은 문제에 직면하게 되었다. 우리가 코
일을 만든다면 어디서 이것을 시험할 수 있을 것인가?

최초의 자석이 완성될 때까지 내 야심의 실현에 도움을 준
중요한 사람은 당시 MIT의 부총장이었던 부시(Vannervar
Bush, 1890~1974)였다. 그는 내가 하고 있는 일에 관심을 가졌
고 필요한 후원을 제공해 주었다. 그는 우선 내가 합리적으로
보이는 어떤 예비적 설계를 마친 후, 보스턴 에디슨(Boston

Edison)사의 한 지사에서 실험해 보도록 제안했다. 거기에는 이른 아침에 여분의 전력이 남는 구식의 직류 발전소가 있었다. 그는 내가 자석을 조립하고 시의 주 수도관에서 냉각수를 얻는 데 이용할 수 있는 장소를 마련해 주었다. 그리하여 최초의 자석이 물리학과 건물의 지하실에서 건설되었다. 약 $1ft^2$의 용량을 가진 자석에서 약 1,000kW의 전력이 소비되었다. 물 냉각이 실패한다면 이 용량에서 소비되는 1,000kW는 수초 사이에 자석 속의 모든 것을 녹여버릴 것이다. 우리의 물 냉각 실험은 가열이 실패하지 않고, 증기층이 냉각 과정을 형성하지 않고 정지시킨다는 것을 의미했다. 그러나 이때는 흥분의 시간이기도 했다. 우리가 에디슨 사의 스코처가(Scotia街)지사에서 자석을 조립했을 때, 기술자들은 솔직히 회의적이었다. 그러나 부시의 후원 때문에 그들은 기꺼이 나의 생각을 증명할 기회를 주었다.

나는 최초로 시험한 순간을 기억하고 있다. 우리는 오전 1시쯤에 잠시 전력을 사용할 예정이었다. 지정된 시간 바로 전에 밴(Van)이 일이 어떻게 진행되고 있는지 보기 위해 도착했다. 여느 때처럼 실험은 끝도 없이 지연되고 있었다. 우선, 알 수 없는 이유로 전력은 이용하지 못했고 우리는 반시간만 더 기다리라는 말을 들었다. 그리고 또 한 시간이 지났다. 우리는 커피를 마시러 밖으로 나왔다. 결국 우리는 얼마를 더 기다려야 하는지를 알 수 없었다. 모두 기다림에 지쳐 있던 찰나에 벽 모퉁이에 서서 전력이 들어오기 시작했다. 우선 모든 것은 잘 되어가고 있었다. 이때 작은 '쉿' 소리가 나왔다. 이 소리는 점점 커갔다. 마침내 '쾅!' 하는 소리가 들리고, 뒤따라 전력은 끊어졌다. 자석을 조사하기 위하여 갔을 때 우리는 아무것도 더 잘 못된 것을 발견하지 못했다. 부품을 결속시키는 상자 테두리의 볼트 한 개가 이상하게도 폭발해 있었다. 자석은 우리가 예상 한 것과 완전히 다른 어떤 이유로 못쓰게 되어 있었다.

그날 밤은 너무 늦어서 그 이상의 일을 하지 못했고 자석에 크게 최대전력입력(最大電力入力)을 주지 못했지만 어느 정도의 진보가 이루어졌다. 이리하여 자석을 분해해서 무엇이 잘못되 었나를 조사하고, 이것을 조립하여 재조사하는 기간이 돌아왔 다. 결국 기본적으로 설계와 어긋나는 점은 없고, 예측하기 어 려운 많은 사소한 일에 주의하여야 된다는 것이 명백해졌다. 이러한 종류의 일에 대한 보통의 표현은 장치에서 결점을 드러 내는 것이다. 우리가 이 결점을 드러냈을 때, 자석은 계산된 것 과 똑같이 움직였다. 성공이었다.

에디슨사는 시간이 걸리는 실험에는 상당히 싫증을 느끼고 있었다. 그들은 새로운 비품을 실제로 실험시키는 데는 기꺼이 응했지만, 그들의 예정을 가로막거나 그들에게 흥미가 없는 계 획에 사람들에게 시간 외 노동을 시키는 것은 그리 좋아하지 않았다. 따라서 우리는 이 시험을 중지하도록 명했고, 밴은 MIT에서 자신의 발전소를 얻고, 예비 시험에서 얻은 경험을 이 용한 새로운 자석을 만들기 위하여 돈을 구하기 시작했다. 적당 한 순서를 거쳐 돈을 얻게 되었다. 돈은 10년 또는 15년 뒤에 그 사실을 다시 만드는데 들 금액의 10분의 1이었으나, 당시 (1930년 중엽)로서는 다행히 중고품 시설을 얻을 수 있었다.

수소문 끝에 큰 중고품 발전기를 구하는 곳이 뉴저지(New Jersey)주, 저지 시티(Jersey City) 교외에 있다는 것을 알았다.

내가 전혀 알지도 못하는 큰 중고품 전기 기계를 사러 돌아다니니 이상한 기분이 들었다. 나는 적당하다고 생각되는 것을 구했다. 중심에 전동기를 갖고 있고 그 축의 각 끝에는 170V에서 5,000A의 전류를 낼 수 있는 발전기가 있었다. 이것은 높이가 약 12ft이며 길이가 20ft인, 내가 본 어떤 자석보다도 큰 자석을 만들 수 있는 인상 깊은 물건이었다. 내가 이 발견을 밴에게 보고하자, 그는 전동 발전기를 시험하고 적당한 시설을 설계하도록 고문 기사가 있는 회사를 소개했다. 아마 이 사업의 대부분은 MIT에서 시설할 장소를 구할 수 있을 것이었다. 일은 점점 진척되었고, 머지않아 0~170V의 어느 전압에서도 전력을 공급할 수 있는 1.7MV(100만 W)의 전동 발전기를 갖게 되었다. 천천히 시동하거나 정지시킬 필요가 있기 때문에 이것은 무척 가치 있는 것이었다. 전압제어(電壓制御) 때문에 전류를 빼지 않고도 전선을 자석에 연결하고, 전류를 점차 올려서 전력간선(電力幹線)에서 빼내는 전력을 증가시킬 수 있었다.

약 3년 동안 연속적인 동작을 하는 서너 개의 자석을 갖게 되었고, 이것은 상당한 범위의 실험을 할 설비를 제공했다. 우선 3장에서 지적한 바와 같이 높은 자기장(磁氣場) 안에서 특히 흥미로운 결과를 가져오게 한다고 생각된 저온 실험이 있었다. 우리는 여러 종류의 금속학 문제를 연구했다. 예를 들면, 니켈을 첨가할 때 구리 합금에 어떻게 강자성이 나타나는가이다. 분광학 실험실을 위해 건설된 마지막 자석은 복잡한 원자의 전자 구조를 조사하는 데 있어 도움이 되는 중요성을 갖고 있었다.

전쟁이 없었더라면 우리는 무엇을 했을지 추측하는 것은 어려운 일이다. 1940년 초, 워싱턴으로 오라는 편지를 받았다.

자석에 관한 일은 5년간 중단되었고, 당시 나 자신의 관심사를 포함해 많은 사정이 변했다.

새로운 흥미는 반드시 새로운 이야기를 낳는다. 그 몇 가지를 다음 두 장에서 이야기할 것이다. 그러나 이야기를 이어가기 전에 강력한 자석에 관한 나의 경험에 관해 주의를 덧붙이겠다.

전쟁이 끝난 후, 우리는 몇 년 동안 마멸된 20년 된 자석을 가지고 일을 계속했다. 누군가 '더 좋고 더 강한 자석을 만드는 가능성'에 관하여 내가 어떻게 생각하고 있는지 질문해 왔다. 나는 우리의 열전도에 관한 실험은 결정적인 것이 아니고, 우리의 일이 당시의 기술을 상당히 개량할 가능성이 있었지만 단지 편의상 그 일을 중지한 것 같다고 답했다. 더 큰 열전도가 가능하고 또 이것이 실제로 사실이라면 설계를 개량할 것으로 생각되었다. 이윽고 실험이 이루어졌으며, 적어도 구리 도체(導體)의 온도의 상당한 증가 없이 열전도를 10배로 증가할 수 있다는 것이 알려졌다. 즉, 내가 설계한 것처럼 열을 ㎠당 200W의 비율이 아니고, ㎠당 약 2,000W로 제거할 수 있다고 생각되었다. 이러한 자석의 설계는 더 한층 임계적(臨界的)인 냉각조건(冷却條件)을 가져오게 할 것이며 무엇이 잘못될 경우에는 자석은 글자 그대로 폭발할지 모른다. 그러나 이러한 자석은 만들어지고 있다. 결점은 새로운 설계에서 제거되고, 더 강력한 자석이 과학 연구에 이용되고 있다.

6장
함대의 자기 소거

1930년대 후반에 지구 자기장(地球磁氣場)에 흥미를 가지게 된 것은 그 역사를 공부하는 친구 덕분이었다. 지구 자기장은 〈그림 25〉에서와 같이 나타난다. 지구는 큰 자석을 그 내부에 가지고 있는 듯이 행동한다. 특히 지구의 내부는 너무 뜨거워서 어떠한 영구 자기도 지속되지 못하기 때문에 끝없이 유지되는 지구 내부의 전류에 기인한다고 생각되지만 그 본질적 기원은 아직까지도 신비로 남아 있다.

자기의 역사

그러나 지구 자기장의 역사를 어떻게 연구할 수 있는가를 질문하는 것도 무리는 아니다. 오늘날, 임의의 지점에서 지구 자기장의 세기와 그 방향을 측정할 수 있다는 것은 명백하지만, 과거 지구 자기장의 세기와 그 방향은 어떻게 얻을 수 있을 것인가? 몇 개의 방법이 있으나 그 중 두 가지만 언급하겠다.

점토는 조용한 물에서 아주 고운 먼지 입자가 가라앉은 것이다. 이 입자들은 점차 서로 짓눌려 죄어지며 점토의 견고성을 얻게 된다. 공기 중의 먼지 입자 사이에는 영구히 자기화 된 작은 쇳조각이 항상 존재하고 있는 것이다. 이 쇳조각이 정착

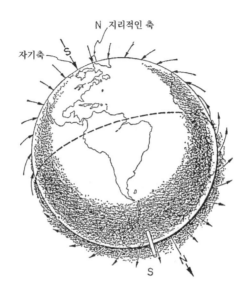

〈그림 25〉 지구 자기장의 기원은 아직 확실하지는 않지만 지구 표면 근처에
서 지구 자기장의 방향과 그 세기를 잴 수 있다

할 때 부근에 있는 자기장에 의하여 그 방위가 정해진다. 또,
일단 어느 정도 고체화되면 그 이상 방위를 바꿀 수 없게 된
다. 즉, 고정되어 버린다. 이때 점토층은 영구히 자기화 되며,
이 점토층이 교란을 받지 않고 형성된 뒤에는 방위를 바꾸지
않는 이상 점토층의 자기화 방향은 그 층이 형성될 당시의 지
구 자기장 방향을 가리킨다는 것을 알 수 있다. 당시 나는 흥
미를 느꼈고 많은 점토층 연구를 위한 광범위한 프로그램이 진
행되고 있었다. 그 점토층들이 어떤 일정한 시기의 지구 자기
장과 동일한 방향을 모두 준다면 그들의 역사는 믿을 수 있다
는 것이 그때의 느낌이었다. 그 이유는 지구상 무척 멀리 떨어
진 지점에서 어떤 국부적 습곡(局部的褶曲)이나 다른 교란으로

그들이 완전히 같은 방법으로 모두 방향을 갖는다는 것은 거의 있음직한 일이 못 되기 때문이다. 이 방법은 여러 위치, 여러 깊이에 있는 점토층에서 작은 입방체 표본을 떼어내는 것이었고, 점토층의 입방체 모서리의 방향을 지리학상의 남북 및 연직(鉛直)에 관하여 주의 깊게 결정했다. 이리하여 이 작은 입방체 표본을 실험실에 가지고 와서, 상당히 복잡한 장치를 이용하여 입방체 안의 자기화의 방향을 측정했고, 지상의 점토층의 자기화 방향이 결정되었다. 이 결과를 보면 지리학상의 남북극이 상당히 크게 운동했다는 것이 나타난다.

또 점토층이 형성되기 훨씬 이전, 지구사(地球史)의 아주 초기의 지구 자기장을 측정하는 또 다른 연구가 진행되고 있었다. 여기에는 화성암의 자화 방향을 측정하는 실험도 있었다. 화성암이 형성될 당시, 이들은 무척 뜨거웠고, 퀴리점을 지나서 냉각됨에 따라 당시의 지구 자기장의 방향을 가진 영구 자기화를 갖게 되었다. 이러한 조사는 현재도 우리가 지구 자기장을 이해하는 데 있어 지대한 공헌을 하고 있다.

워싱턴으로부터의 편지

1940년, MIT에서 진행한 연구들과 또 다른 연구는 워싱턴에서 온 편지로써 중단되었다. 히틀러의 유럽 정복이 성공적으로 시작되었던 것이다. 독일의 항공기가 템스(Thames)강 입구에 무언가 기묘하게 보이는 물체를 떨어뜨렸다. 이 물체들은 분명 일종의 폭발물이었다. 아마 선박을 폭발할 기뢰였을 것이다. 완전히 새로운 종류의 기뢰였다. 당시까지는 배를 파괴하

는 기뢰는 수면에 떠 있거나 수저(水底)에 닻으로 적당한 위치
에 머물게 했다. 배가 이것에 부딪치면 기뢰에 있는 뿔이 부서
지면서 폭발이 일어났다. 새로운 기뢰는 완전히 다른 종류의
것이었다. 그들은 수저에 가라앉아 있었다. 참으로 용감한 사
람들이 수저에 내려가서 이 물체를 끄집어 올리는 것을 지원
했다. 독일군은 이 기뢰의 비밀이 폭로되지 않도록 사전에 주
의했으므로 이 사람들은 생명을 걸어야만 했다. 그러나 기뢰는
약간은 회수되었고 성공적으로 분해되었다. 이 기뢰들은 작은
부각자침(俯角磁針)을 가지고 있었다. 즉 수평축 둘레를 돌 수
있고 기뢰가 떨어진 지점에서 지구 자기장 방향으로 부각을
가진 나침반의 바늘을 가지고 있었다. 선박이 통과할 때까지
그 바늘은 그 장소에 머무르게 되어 있었다. 선박의 쇠는 지구
자기장을 교란시키고, 부각 자침을 조금 움직이게 했다. 이 운
동이 전기 회로를 닫게 하고, 기뢰는 배 밑에서 폭발했다. 물
속에서의 폭발은 배를 물에서 곧바로 위로 올려서 배를 부셔
버릴 수 있는 분천(噴泉)을 올려 보냈다. 이야기가 좀 앞섰다.
아무튼 워싱턴으로부터의 편지는 미 해군 군수국에서 온 것이
었다. 그것은 어떤 자기에 관한 문제를 상의하기 위해 1940년
여름휴가를 얻도록 요청해왔다.

내가 낯익은 워싱턴의 해군공창에 있는 해군 군수국 연구소
에 도착했을 때, 해군의 퇴역 중령이 3, 4인의 문관(文官)을 거
느리고 연구소를 책임지고 있다는 것을 알았다. 점토층의 자기
화에 관하여 일해 본 적이 있던 같은 친구와 나에게 제시된 동
일한 문제, 즉 배 아래의 여러 깊이에서의 지구 자기장의 변화
를 측정하는 기기를 만드는 방법을 토론한 일이 서너 번이나

있었다. 우리는 배가 안전하게 자기 기뢰 위를 지나갈 수 있도
록 배의 자기 효과를 없애기 위하여 무엇을 할 수 있는가를 요
구받고 있었다. 처음에는 스웨텐 사람이, 다음에는 영국인이 배
의 바깥쪽 둘레에 전기 케이블을 감고, 배의 자기화를 없애도록
케이블에 전류를 보낸다는 무척 불완전한 보고서가 해군성에
들어오고 있었다. 이것이 실은 배를 자기소거(磁氣消去)하는 방법
이었지만, 이것에 '자기 소거(Degaussing)'라는 특별한 이름이
주어졌다. 여기서 가우스는 자기장의 단위이고, 배의 자기화 된
철에 의하여 만들어진 부유자기장(浮游磁氣場, Stray Magnetic
Field)을 제거하는 방법이 '자기 소거'이다.

영국 여행

내가 할 수 있는 가장 유효한 일은 영국에 가서 실제로 무엇
이 일어나고 있는가를 좀 더 조사하는 일이었다. 현지에서의 직
접 관찰에 근거를 둔 나의 과학적 보고가 해군 장교가 돌려보
내온 보고서를 유익하게 보충할지 모른다는 느낌이 있었다. 다
른 과학자들이 내가 영국에서 모은 정보를 될 수 있는 한 이용
하여 배의 자기장을 측정하고, 그것을 자기 소거하는 문제를 처
리하기 위하여 워싱턴의 해군 군수국 연구소에 모였다.

그때는 나에게 무척 자극적인 시기였다. 오늘날에는 크고 작
은 전쟁이 보통이고, 개병제(皆兵制)가 확립되어 있어 모든 사람
이 짧은 기간 군 작전에 어느 정도 노출될 수도 있었다. 그러
나 1940년에는 약 25년간 평화와 비무장의 시대를 누렸다. 전
장에 가는 것은 위험하게 생각되었다. 독일군은 프랑스 해안에

침공 함대를 집결시키고 있었다. 침략이 일어나서 내가 포로가 된다는 것도 가능하다고 생각되었다. 그러나 나는 성취할 유용한 목적이 있다면 가는 것을 무척 바라고 있었다.

두 사람의 해군 장교와 나는 특별 외교 여권과 몬트리올(Montreal)에서 떠나는 1등석 차표를 얻었다. 나는 기뢰전, 특히 자기 기뢰전의 기술면에 관하여 보고하는 '전문가' 역할이었다. 두 해군 장교는 기뢰를 소제하고 자기 소거 케이블을 설치하는 데 전념하기로 되어 있었다. 워싱턴에서 몬트리올로 가는 기차에서 가족이 내게 교수 옷으로 선사한 한 벌의 푸른 새 양복이 뉴욕에서 전달되었던 일이 생각난다. 나는 버몬트(Vermont)에서 서너 시간 머무르게 되었고, 여기서 아내와 작별 인사를 하기 위해 만났다.

우리는 리버풀(Liverpool)에 도착하여 전쟁의 첫 흔적을 보았다. 배들이 반으로 부서진 채 항구 둘레에 놓여 있었다. 그것들은 새로운 기뢰의 희생물이었다. 우리는 또, 첫 번째 소해작업(掃海作業)이 진행되는 것을 보았다. 처음에는 그것을 이해할 수 없었다. 예인선이 거대한 검은 뱀 같은 것을 뒤로 끌면서 항구를 증기력으로 움직이고 있었다. 이것은 그들이 떠있도록 잘 뜨는 절연체(絶緣體)로 덮인 큰 케이블이었다. 예인선 위에는 전류를 만들기 위한 강력한 전동 발전기가 있었다. 전극의 하나는 예인선 뒤에 비교적 가까운 거리에 있었고, 다른 전극은 케이블의 먼 끝에 있었다. 전류는 먼 전극부터 앞쪽 전극으로 비교적 넓은 원 궤도를 이루며 바닷물을 지나 흐르도록 되어 있었다. 이 전류는 예인선 뒤쪽에 자기장을 만들었다. 그러므로

예인선은 아주 주의 깊게 자기 소거되어 있어야 했다. 그 이유
는 예인선이 폭발하지 않고 자기 기뢰 위를 통과하여야 했기
때문이었다. 예인선 뒤에는 바다 속의 전류에 의하여 만들어진
자기장이 배의 자기장을 위조하게 되어 있었다.

처음에 이것은 자기장을 만드는 방법치고는 무척 기묘하게
보였다. 자기장을 만드는 표준적 방법은 코일을 만드는 것이다.
도선의 코일에 의하여 작은 전류로 더 큰 자기장을 만들 수 있
지만, 예인선 뒤쪽에서 편리하게 밧줄로 끌 수 있는 코일을 만
드는 문제가 극히 어려운 것이었다. 이것이 실제로 가장 훌륭
한 해결책이었고, 이것은 코일에서 요구되는 것보다 훨씬 적은
도선을 예인하게 하고 또 극히 간단한 예인 형식으로 도선을
사용하게 했다.

내가 후에 본 또 다른 형태의 자기 기뢰 제거기는 무척 무거
운 강력한 자석을 실은 비교적 큰 배였다. 이것은 뱃머리, 보통
은 갑판 머리 가까이로부터 멀리 선미로 뻗어 있는 막대자석이
었다. 지름이 큰 막대자석은 그 둘레에 코일이 감겨져 있고, 큰
전동 발전기로 만들어진 전류가 흐르고 있었다. 배가 항구를
돌아다닐 때 자기 기뢰 위를 통과하기 전에 자기 기뢰를 폭발
하도록 이 자석은 배 앞쪽에 자기장이 만들어지게 꾸며져 있었
다. 물을 지나는 전류를 사용하여 '전기 꼬리' 류의 기뢰 제거
기와 같이 이 자석 배는 일반적인 것은 결코 아니었고, 아마
무척 값비쌌을 것이다.

기억할만한 점은 자기 기뢰를 설치하는 목적이 배를 격침하
는 것뿐 아니라, 적이 막대한 돈을 소비하게 하고, 또 기뢰를
제거하고 자기 소거하는 데에 값비싼 배와 구리를 사용한다는

점이다. 항구를 폐쇄하고, 그리하여 적이 그 자원을 사용하는
데 부수적 낭비를 하게 하는 것은 실제로 배를 격침하는 것만
큼이나 가치 있는 일이다.

런던대사관에서 영국 동료들의 보고서를 읽기 시작했다. 나는
작전 책임을 맡고 있는 사람들과 이야기하기 위하여 여러 해군
기지에 갔다. 그들 중 몇몇 친구는 나에게 그들이 무엇을 알았
으며 무엇을 하고 있는가를 가르쳤다. 관련된 지자기(地磁氣)는
무척 작아서 이것을 보상해야 할 자기 효과가 대단히 작기 때
문에 배의 자기는 우리가 배운 강자성체의 자기와 많은 점에서
달랐다. 한동안 나침반에 대한 자기 효과 때문에 배의 자기에
관하여 상당히 많은 것이 알려졌다. 자기 나침반의 바늘은 지구
자기장이 교란되지 않으면 자기적 북극을 가리킬 것이다. 어느
지방에서는 자기장이 강자성 철광 때문에 교란된다. 이러한 국
지적 편차를 가리키는 지도가 이용될 수 있으나 배의 자기화는
항행한다는 난점을 가지고 온다. 배가 뱃머리를 바꾸면 그 자기
화도 변하고, 따라서 나침반의 편차도 변한다. 작은 자석 장치
가 나침반 바늘 가까이에 보상용으로 설치되어야 한다.

그러나 이 지식은 배를 자기 소거하는 데는 큰 도움이 되지
않았다. 우선 측정을 하지 않으면 안 되었다. 항구 입구의 해저
에 코일이 놓였고, 배가 항구를 출입할 때 배는 이들 코일 위
를 통과하며, 이 코일이 해안에 있는 기록 장치에 전기맥동(電
氣脈動)을 보냈다. 여기서 배가 통과하느라 생긴 코일 속의 자
기장의 변화가 종이테이프에 기록되었다. 이 기록은 「배의 서
명(署名)」이라 불렸고, 많은 전문가에 의하여 연구되었다. 그들
은 자기 교란을 감소하는 수단을 강구하고, 자기 소거의 과정

이 완결된 후, 가능하면 배를 다시 그 영역으로 보내서 새로운 서명을 취하게 된다. 이러한 일에 익숙한 문관 과학자가 선장에서 성취된 안전도에 대하여 자문하거나 해군성에 어느 배는 항해시키고, 혹은 더 이상 주의를 위하여 머물도록 충고해야 했다.

배의 자기화는 두 부분으로 고찰될 수 있었다. 배가 조립될 때, 특히 리벳이 배에 삽입될 때 배의 쇠 부분은 국지적 지구 자기장 방향으로 자기화를 갖게 되었다. 이 자기화의 대부분은 다소 영구적이며 자기화를 제거하기 위한 특별한 주의가 취해지지 않는 이상, 그 배의 수명이 다할 때까지 배에 남게 된다. 이 영구 자기화는 반자기화 과정으로 제거될 수 있었다. 이것을 위한 기술은 히틀러가 정복하기 전 프랑스에서 처음으로 개발되었다. 임시 코일이 배 둘레에 감겨졌고, 시행착오의 과정을 밟아 영구 자기화가 제거될 때까지 전류의 맥동이 코일에 보내졌다. 이 과정을 디퍼밍(Deperming, 자기처리)이라 한다. 이것은 영구 자기화를 없앤다는 의미이다. 또 이 과정은 자기 소거 과정의 가장 가치 있는 부분이기도 했다. 이것은 시계를 자기 소거하는 것과 완전히 동일하다. 시계를 매우 강한 자기장에 넣으면 어떤 강자성 부분도 영구히 자기화되며 서로 힘을 미치게 된다. 이 힘은 시계를 완전히 정지시킬 수도 있을 뿐만 아니라, 적어도 부품들이 서로 상대적으로 움직이고 가속력이 감속력으로 변화함에 따라 시계를 불규칙하게 움직이게 할 수 있다. 시계에서는 자기화의 방향을 알 수 없다. 따라서 처음에는 한 방향으로, 다음에는 다른 방향으로 향하는 교류 자기장 속에 시계를 놓는 것이 보통이다. 또 교류 자기장을 점차 0으로 감소시켜 가면 시계는 자기 소거된다. 배는 본질적으로 동일한 기술에 의하여 자기 소거되지만 개개의 자기 소거 맥동의 효과가 관찰된다.

일단, 영구 자기화가 배에서 제거되면 다음에는 유도 자기화가 남게 된다. 배가 북쪽을 향하면 북극이 뱃머리에 유도되고, 남극이 선미에 유도되는 경향이 있다는 것이 발견되었다. 이 자기화의 정도는 배의 위치의 지구 자기장의 세기는 물론 배의 방향에도 의존한다. 이 유도 자기화는 자기 소거 코일로 처리하지 않으면 안 된다. 즉, 지구 자기장 안에서 배의 방향과 위치에 의존하는 세기를 가진 전류를 이 코일에 통하는 것이다.

요점은 자기 소거 장치의 복잡성이 미치는 실제적인 한계를 결정하는 데 도움을 주는 것이었다. 수고를 아끼지 않을수록 돈과 시간이 더 소비되고, 일은 더 잘 될 것이었다. 미 해군의 어느 특수한 선박이 어떤 특수 전쟁의 단계에서 얼마만큼 진행하는 것이 타당할 것인가? 이것이 해군 당국이 결정해야 할 문제였다. 기술인들의 일은 어떤 주어진 일을 완결 짓는 데 드는 비용을 평가하는 일이었다.

워싱턴으로의 귀환

미국으로 돌아갈 시기가 와서 우리가 리버풀의 머지(Mersey)에서 배를 탔을 때, 영국 수병들로 가득 차 있는 것을 보았다. 도대체 왜 그들은 노버 스코셔의 핼리팩스(Halifax)행 여객선에 점잖게 앉아 있었던 것일까? 항해가 반 이상 끝날 때까지 그 해답을 얻지 못했다. 우리는 리버풀을 떠나기 전에 하룻밤을 배에서 지냈다. 그 밤은 가장 흥미로운 밤이기도 했다. 어느 곳에서도 해안이나 항구 불빛이 보이지 않았다. 곧, 공습 사이렌이 울렸고 대규모의 폭탄 공격이 이어졌다. 놀랍게도 단 하나의 탐조등도 켜지지 않았다. 이것은 대항공기(對航空機) 작전이 레이더에 의하여 완전히 인도된 최초의 경우 중 하나였을 것이다. 우리 배는 몇 개의 지근탄(至近彈)을 받았다. 영국 수병이 승선하고 있기 때문에 우리가 중요한 과녁이었을 것으로 생각하는 사람도 있었고, 수병이 왜 승선하는지의 수수께끼는 더한층 흥밋거리가 되었다.

대서양의 거의 중간 지점에서 우리는 루즈벨트 대통령의 방송을 들었다. 미국은 영국 해군에 50척의 구축함을 인계하는 중이며, 그들은 영국 선원에 인계되기 위하여 핼리팩스로 오는 도중이라는 것을 발표했다. 사람들은 크게 흥분했다. 샴페인 상자가 나왔고 축배가 교환되었다. 항해의 나머지 기간 동안 우리 부대의 사관들은 우리의 낯익은 구축함의 구조와 작동에 관하여 영국 수병에게 강의하는 데 시간을 썼다. 며칠 후, 핼리팩스에 가까이 왔을 때 미국의 긴 구축함대가 항구로 들어오는 것을 보았다. 장관이었다.

워싱턴에 돌아오자 나는 군수국으로 보고를 내라는 요청을 받았다. 거기에 있는 관리들은 나와 귀환 해군 장교들이 기술적인 직무로 가기 전에, 우리가 본 실전의 많은 것을 기술하기를 바라고 있었다. 무엇보다도 MIT로부터의 3개월의 휴가를 연장하고, 또 해군 군수국 연구소에 돌아가는 것을 잠시 늦추도록 요청받았다. 실제로 일본과의 전쟁이 끝날 때까지 만 5년 동안 MIT로부터의 휴가가 연장되었으며, 해군 군수국 연구소에는 전혀 돌아가지 않았다. 나의 작업은 후일 '작전 분석'이라고 불리는 쪽으로 전개되었다. 군수국의 관리와 연구소에 있는 동료들 사이를 연결시키는 일이었다. 나는 한편 작전상 유익하다고 생각되는 종류의 일을 연구소장에게 보고하고, 다른 한편 기술자가 할 수 있다고 느끼는 종류의 일을 해군 장교들에게 다시 보고하게 되어 있었다. 우리는 해군의 작전을 정량적(定量的)으로 연구하기 시작했고, 또 여러 종류의 무기와 대책의 효율성을 평가하려고 힘쓰기 시작했다. 이러한 종류의 분석은 미국뿐 아니라 영국에서도 행해지고 있었고, 이제는 기업과 군사 체제에서 많은 유형의 작전에 인정된 중요한 측면을 이루고 있다.

우리의 임무 중 하나는 일본과의 전쟁을 위해 자기기뢰와 다른 종류의 기뢰들을 설계하는 것이었다. 태평양에서 항구의 깊이, 기뢰를 설치하는 가능한 방법, 저장에 관련된 난관 및 많은 다른 요인에 관한 상세한 통계적 정보가 모여졌다.

우리의 자기 소거 활동에 관한 여러 새로운 자기 문제들이 결국 빛을 보게 되었다. 우선 비행기에 잠수함의 자기 탐지기(磁氣探知機)가 있었다. 비행기가 잠수된 잠수함을 단지 자기 측정으로 탐지할 수 있다면 매우 가치 있는 일일 것이다. 이러한 종류의 일은 당시 대단히 어렵게 보였다. 이러한 조작 기술은 현재 대양 속의 잠수함뿐 아니라 지구 표면 아래의 자기장에 대하여 탐지하는 정도에까지 완성되어 있다. 머리 위를 날고 있는 비행기 속에서 이루어지는 적당한 자기 측정으로, 광범위한 자기광상뿐 아니라 그것이 가지고 있는 광석의 종류까지 알아낼 수 있다는 전문가의 말을 들은 일이 있다.

선박의 자기성의 연구에서 우리가 일한 가장 흥미로운 계획

중의 하나는 아마 표적을 찾는 어뢰의 설계일 것이다. 한 배가 자기장에 미치는 영향에 의하여 어느 거리에서 탐지될 수 있다면, 어뢰가 배의 자기장의 영향권 안에 들어왔을 때 어뢰가 자동적으로 배 쪽으로 향하도록 이 탐지가 어뢰의 행로에 영향을 미치게 이용할 수 없을까? 이것은 많은 종류의 표적을 찾는 미사일의 선구자가 되었으며, 현재 대단히 중요하다.

이리하여 5년이란 긴 세월이 지났다. 지루한 시간은 아니었다. 항상 새롭고 자극적인 일들이 있었다. 그러나 전쟁이 끝나고 정부의 일을 계속하거나 버렸던 학구생활을 위해 MIT로 되돌아 갈 것인가를 선택할 기회가 왔을 때, 나는 결단을 내리는 데 어려움을 느끼지는 않았다. 나는 곧장 케임브리지의 옛 집으로 돌아갔다.

7장
핵자기

　전후 내가 참가한 최초의 공동 토의가 가장 흥미로운 것이었다. MIT의 제롤드 R. 자카리아스(Jerrold R. Zacharias) 교수는 내가 이미 말한 바 있는 원자선 실험과 가장 흥미로운 공명(共鳴) 실험을 결합하여 이루어진 결과에 관하여 보고하고 있었다. 전쟁 전부터 시작된 공명 실험은 많은 다른 형태에 있어서 오늘날 물리학의 어마어마한 진보를 나타내고 있다.

　이것은 나의 일생에서 자유 선택을 했다고 느낀 극히 드문 시기 중 하나였다. 나는 내가 바라던 일을 할 수 있었다. 내일 아침에 일어날 일이 어제 일어났던 일의 타력으로 결코 예정되지 않았다. 나는 워싱턴에서 5년을 지낸 후, 대학으로 돌아갔다. 나는 연구실이 없었다[자석 연구실은 해체되어 있었고 다른 장소에서 과학적 전시계획(戰時計劃)에 인계되어 있었다. 내가 재조립하게 되어 있었으나 그것에는 약간의 시간, 아마 1년이 필요했을 것이다]. 나는 제자를 두고 있지 않았다. 나는 과(科)의 담당 강의의 내 몫을 하는 외에, 또 분명히 다시 물리학을 공부하려고 한 것 이외는 강의 계획을 갖고 있지 않았던 것이다. 워싱턴으로 떠나기 전에 내가 하고 있던 일에 되돌아오도록 특히 부탁을 받게 될 것이라고는 생각하지 않았다. 나는 새로운 책장을 넘기고 무언가 다른 일, 그러나 과거부터 자라온 일을 하고자 했다. 자극적인 새로운 분야에 마음이 끌렸다. 이것이 바로 그것이었다.

자기 공명

공명현상(共鳴現像)이 무엇인지는 모두 알고 있을 것이다. 피아노의 페달을 누르고 한 음부를 소리 내어 피아노에 보내면, 소리 내어 보낸 것과 같은 음부를 방출할 수 있는 한 조(組)의 줄이 음부에 의하여 진동하게 된다는 것을 알 수 있다. 다른 줄은 진동하지 않는다. 비슷하게 공기는 모든 종류의 전파의 주파수로 가득 차 있다. 어느 한 방송국과 라디오를 동조하는 것은 어떻게 가능할 것인가? 이 과정은 줄의 동조와 무척 비슷하다. 라디오 속에는 발진할 수 있는 작은 기구가 들어있고, 다이얼에 따라 좋아하는 어떤 발진 주파수 값에도 조절할 수 있다. 이것은 그 고유 주파수와 동등한 또는 공명된 주파수를 선택하여 응하는 것이다.

이러한 종류의 공명 현상에 관하여 두 개의 특별히 중요한 일이 있다. 현상이 일어나는 특별한 주파수는 명백히 가장 중요하다. 들어오는 신호 주파수를 알고 있으면 흡수계의 고유 주파수를 결정하는 데에 공명 현상을 이용할 수 있다. 거꾸로, 흡수계의 고유 주파수를 알고 있으면 들어오는 신호의 주파수를 결정하는 데에 공명 현상을 이용할 수 있다. 이때 특히 중요한 점은 우선 들어오는 신호 주파수와 흡수계의 고유 주파수 사이의 이 밀접한 대응이다. 실제로 공명 흡수가 일어날 때 에너지는 들어오는 파(波)로부터 취해지며 공명 매질에 의하여 흡수된다.

둘째로 중요한 일은 동조의 첨예도(尖銳度)이다. 전파의 경우에는 이 첨예도가 두 방송국을 구별할 수 있도록, 즉 하나의 국(局)에는 동조하지 않고 다른 국은 동조하도록 두 방송국의 주파수가 얼마나 가까울 수 있는가를 결정한다. 이 동조의 첨예도에 관한 지식은 수신기의 제작에 관하여 중요한 정보를 준다.

내가 이 장의 처음에 언급한 공동 토의는 소위 자기 공명을 다루었다. 자석을 자기장에 놓으면 그것이 위치해 있는 자기장에 평행으로 향하며 정지할 것이다. 이것을 조금 변위시키면 진동하게 될 것이다. 진동 운동의 진동수는 자기장의 세기와 자석 자체의 성질에 따라 다르다. 원자와 그 원자핵도 작은 영구 자석이며 이것들을 자기장에 놓을 때, 이들은 영구 자석과 같이 진동하려고 한다. 실제에 있어 사태는 약간 더 복잡하다. 원자와 원자핵은 급속히 회전하는 작은 자이로스코프이다. 지구 자기장 속에서의 나침반의 바늘과 같이 이리저리로 흔들리지 않고, 마치 자이로스코프가 중력장 둘레를 세차운동(歲差運動)하듯이 적용된 자기장 둘레를 세차 운동한다. 우리의 목적에 관해서는 그 순효과는 동일하다. 각 원자나 원자핵은 외부에서 적용된 자기장에서 고유 세차 진동수 또는 진동 진동수를 갖게 될 것이다. 이 진동수는 두 개의 일, 즉 한편으로는 자기장의 세기와 다른 한편으로는 원자 자석과 핵자석의 세기 및 구조에 의하여 결정된다.

보고된 연구는 1930년 후반 콜롬비아에서 라비(I. I. Rabi, 1898~1988) 교수에 의하여 시작되었고, 무척 중요한 측정을 가져 왔으며, 결국 라비는 이 측정으로 노벨상을 받았다. 이들 초기 실험에서 뉴욕에서 라비와 함께 연구해 온 자카리아스는

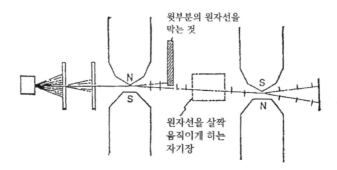

윗부분의 원자선을
막는 것

N
S

S
N

원자선을 살짝
움직이게 하는
자기장

〈그림 26〉 자기 공명 연구는 원자와 분자의 성질 및 그들의 주변에 관하
여 중요한 지식을 제공한다

MIT에 새로운 원자선 및 분자선 연구실을 세우고 있었다. 원
자선 실험과 자기 공명 실험을 연결하는 일반 개념은 다음과
같다.

원자선 장치는 그 자기쌍극자(磁氣雙極子)가 한 방향으로 향한
모든 원자의 선을 가려낼 수 있으며, 이들 원자선은 3장에서
논하고 〈그림 26〉에서 보는 바와 같이 장치 안의 미세한 자석
에 의하여 어느 한 방향, 예컨대 위로 편의된다. 원자선이 위쪽
대신에 아래쪽으로 편의되고, 또 원자선의 변화된 편의에 의하
여 원자가 가볍게 쳐졌다는 것이 검출된다. 그러나 원자들도
공명 현상에 의하여 가볍게 쳐 줄 수 있다. 자기장 속에서 진
동함 또 진동 자기장이 적용된다면 그들은 적용된 자기장에 선
택되어 응하게 되고 새로 순응하게 된다. 이 새로운 순응은 변
화된 원자선의 편의에 의하여 검출될 수 있다.

이 강연을 이쯤 들은 후, 나는 백일몽에 빠져 들어갔고 끝까
지 강연을 들을 수 없었다. 나의 마음에 떠오른 생각은 이러한

종류의 자기 공명 실험을 고체나 액체 속의 원자와 원자핵에 실험하는 것이 가능할지도 모른다는 것이었다. 공명 현상은 확실히 존재할 것이다. 큰 차이점은 두 종류일 것이다. 첫째 방법은 공명의 인식을 원자선의 편의로 바꾸기 위하여 공명을 검출하는 새로운 방법이 발견되어야 한다는 것이다. 둘째 방법은 공명의 첨예도를 처리하는 것이었다. 공명을 검출할 수 있는 장치를 제조하기 위해서 이것에 관하여 무엇인가를 평가해야 했다. 진동 자기장의 진동수와 일정 자기장의 세기는 공명 조건을 유지할 정도로, 즉 '동조(同調)'할 만큼 정상을 유지하여야 했다.

고체 안의 원자나 원자핵의 자기 공명을 검출하기 위한 명백한 방도는 유도에 의한 것이 될 것이다. 코일 근처의 변화하는 자기장이 증폭되고 검출될 수 있는 유도 전압 또는 신호를 어떻게 증폭하고 검파하는가를 기술한 바 있다. 자기장 속에 있는 고체 둘레에 코일을 감고, 무선 주파수를 적용하며, 또 이 주파수가 어느 주어진 원자핵들을 공명시키는 데 꼭 알맞을 때까지 이 진동수를 조절하는 것이 가능하지 않을 것인가? 또 이때 감긴 코일 속의 유도 효과에 따라 이 공명이 검출될 수 있는 것일까? 이것을 생각해 보기로 했다.

이것은 나와 같이 둔한 물리학자에게는 엄청나게 어려운 숙제였다. 우선 고체 속의 원자 자석과 핵자석의 행동에 관하여 문헌에서 조사하여야 할 일이 많았다. 다음으로 추측하여야 할 미지의 일이 더 많이 있었으며, 적당한 장치를 만드는 방법은 아무도 모르는 일에 대한 추측의 현명함에 있었다. 다행히도, 많은 곤란들은 예기치 않았던 방법으로 극복되었다.

단지 수마일 떨어진 하버드에서 에드워드 퍼셀(Edward Purcell, 1912~1997) 교수와 그의 몇몇 공동 연구자들이 실제로 이러한 종류의 실험을 시작하고 있다는 것을 알았다. 그들은 전쟁 중에 과학적 연구에 종사했고, 이러한 종류의 전자 장치를 설계하고 제작하는 기술적 숙련은 최고도에 달하고 있었다. 그뿐 아니라 그들은 그 문제에 관하여 문헌을 읽었고, 알아야 할 일을 알았 으며, 그들이 모르는 실험 부분들에 관하여 무척 예민한 추측을 하고 있었다. 곧, 퍼셀과 그의 공동 연구자들은 실제로 최초의 핵자기공명(核磁氣共鳴)을 발견했다. 잠시 후, 스탠퍼드(Stanford) 대학의 블로흐(Felix Bloch, 1905~1983) 교수 밑에서 연구하고 있는 다른 연구진이 같은 목적을 위한 설비를 또 개발했고, 다 시 공명을 발견했다는 것을 알았다(1952년 퍼셀과 블로흐는 이때 시작한 연구로 노벨상을 받았다). 두 학생의 도움으로 나는 이들 결 과를 다시 만들어내는 장치를 서둘러 조립했고, 많은 미비한 점 들에 관하여 우리에게 도움을 준 퍼셀의 관대한 격려로, 우리도 곧 고체와 액체 내의 자기 공명 현상을 관찰했다.

이들 실험에서 나의 관심은 주로 그 공명 진동수를 측정함으 로써 원자핵 구조에 관한 무엇인가를 알 가능성에 있었다. 내 가 이미 언급한 공명 현상에 관한 두 가지 일은 이 실험에서 다음과 같이 해석될 수 있다는 것을 공명에 관한 이론적 분석 이 나타냈다. 공명 진동수 자체가 핵자기화에 관하여 직접적인 정보를 주었다. 이것은 핵자기의 세기에 관하여 무엇인가를 우 리에게 알려 주었다. 이것은 대단히 중요한 것이었다. 거의 모 든 물리학 또는 화학 강의실의 벽에서 보는 원소의 주기율표에 서 나타나는 원자의 주기성과 어떤 점에서 비슷한 주기성을 원자핵의 성질이 나타낸다는 것을, 당시의 이론 물리학자들은 주목했다. 원자핵은 특히 안전한 양성자와 중성자의 일련의 껍질로 되어 있고, 소수의 외부 입자가 각운동량, 자기, 방사능 등과 관련이 있다고 곧 생각되었다. 이러한 관념의 정확성 검토에 도움이 되는 더 많은 실험적 증거가 필요했다.

두 번째 일, 즉 동조의 첨예도는 원자핵 환경, 즉 원자핵이 존재하는 고체나 액체의 구조에 관한 정보를 제공했다. 온도에서의 또는 핵이 진동하고 있는 물질의 화학적 조성에서의 변태(變態)가 공명 현상의 세부에 어떠한 영향을 미칠 것인가, 또 이리하여 그 구조에 관한 상세한 정보를 어떻게 얻는가를 조사할 수 있게 되었다.

일군의 대학원생이 전쟁 직후 이 일반 영역에서 다년간 나와 함께 일하도록 선출되었다. 그들 중 어떤 학생들은 원자핵 구조를 연구하는 방향을 따랐고, 다른 학생들은 고체와 액체의 구조에 대한 새로운 효과를 조사했다. 나 자신은 장치를 조립했고 연구실에서 6주를 보냈다. 행복한 시절이었다. 이 짧은 기간에 전에 이루었던 것보다 더 정확히 12개 이상의 원자핵의 자기화를 측정했다. 그리고 이들 중 몇 개의 측정은 상당히 주요한 결과를 가져왔다.

핵자기 구조

이것이 어떻게 중요한 결과를 가져왔는지를 설명하는 것은 가치 있는 일이다. 결국 핵자석의 세기뿐 아니라 그 모양—놀랍게도 작은 원자핵 속의 자기화 분포—에 관하여 무엇인가를 측정할 가능성을 가져왔다. 이것을 이해하기 위하여 어떤 주어진 자기장 속에서 이들을 돌리는 데 요구되는 힘의 양을 측정할 수 있도록 스프링이 붙어 있고, 나침반의 바늘과 같이 장치된 두 작은 자석을 상상하자. 이 작은 자석들 중 하나는 길고 가늘며, 다른 하나는 짧고 굵다고 생각하자. 이 자석들은 같은 세기를 갖고 있다고 가정한다. 즉, 우리가 이들을 완전히 균일한 자기장 속에 놓으면 하나하나를 회전시키는 데 같은 양의 일을 해야 한다. 이것이 적용된 자기장에 직각이면 각각에 작용하는 비틀림 힘은 동일하다. 그들은 같은 쌍극자 세기를 갖고 있다고 한다. 균일한 자기장에서 이 두 개를 구별하는 것은 불가능하다.

그러나 비균일장, 예를 들면 〈그림 27〉에서와 같이 자극 가까이에서 만들어지는 자기장에 이 자석들을 놓으면 상황은 어떻게 변하는가? 그림에서 명백히 길고 가는 자석은 그 끝이 인접 극에 더 가까이 있게 되고, 그 끝이 극에서 더 멀리 있는 더 작고 웅크린 자석보다 회전하기가 곤란할 것이다. 그러므로 시료(試料)의 전체 자기 모멘트를 결정하기 위하여 우선 균일한 자기장에서 측정할 수 있고, 다음에 시료의 한 끝에서 다른 끝까지 상당히 변하는 자기장 속에서 측정할 수 있다면, 시료 안의 자기화의 분포로 영향을 받는 측정할 수 있다.

원자핵에서 이것이 가능함이 밝혀졌다. 이 효과는 매우 작지만 한편 공명을 극히 정확하게 측정할 수 있다. 원자핵에 적용하는 자기장은 큰 전자석의 극 사이의 평균적이고 균일한 자기장의 세기뿐 아니라, 핵을 둘러싼 전자의 자기장에서도 결정된다. 인접 원자 사이의 화학 결합 성질에 따라 액체와 고체에서

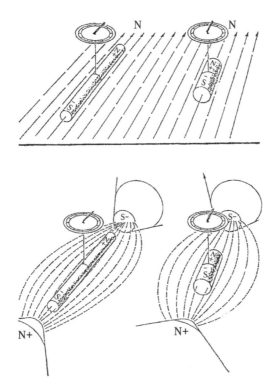

〈그림 27〉 자석의 크기와 모양은 비균일 자기장에서는 행동에 영향을 준
다. 두 자석이 동일한 세기를 갖고 있으면 균일장(위)에서는 이
들을 돌리는 데 같은 양의 일을 요할 것이다. 비균일장(아래)에
서는 긴 자석이 회전하기 어렵게 될 것이다

이것을 크게 가감할 수 있고, 특별히 고체 속의 원자핵에 대하
여 측정하고, 다음에 원자선 실험에서 고립된 원자 속의 동일
한 원자핵에 대하여 측정함으로써 이것을 가감할 수 있다는 것
이 밝혀졌다.

원자선 자기 공명 실험에서 원자핵 둘레를 돌고 있는 원자의
전자들에 의하여 만들어지는 비교적 비균일한 장에서 두 개의

루비듐 동위 원소의 핵 자석을 회전하는데 필요한 에너지는 매우 정확하게 측정되어 있었다. 나의 연구실에서는 원자 안에서 자기 효과를 일으키는 전자가 제거된 수용액 속에 루비듐이 있을 때, 이 같은 원자핵을 회전시키는 데 필요한 에너지를 측정할 수 있었다. 이리하여 우리는 균일한 장과 비균일장에서 겉보기 세기를 측정했다. 그 결과는 일치하지 않았다. 장이 비균일했기 때문이다. 그러므로 이들 원자핵에서 자기화 분포에 관하여 흥미롭고 중요한 일을 추론할 수 있었다.

그것은 환상적으로 보였다. 크기가 10^{-8} ㎝ 정도의 원자의 세부를 측정하는 것은 무척 어렵다. 그러나 여기서 우리는 비교적 간단한 기구로 지름이 10만 배나 작은 입자의 구조의 세부에 관하여 관찰하고 있었다. 그것은 하나의 도전이었다.

그러나 슬프게도 이 매혹적인 분야에서 해 볼 일이 바닥이 나고 있었다. 오래지 않아 현존하는 기구로 그 모멘트가 간편하게 측정될 수 있는 대부분의 원자핵은 이미 측정되어 있었다. 핵자기 공명 실험의 이 위대한 장래는 고체 및 액체 구조의 연구, 즉 전자, 원자 및 원자핵 사이의 많은 상호 작용의 세부를 해명하려는 시도에 놓여 있다. 처음에는 전적으로 다루기 힘들게 보였던 사정이 새로운 도구의 도움으로 깨끗이 이해될 수 있었다. 새로운 아이디어는 고체 안에서 한 점에서 다른 점으로의 에너지의 이동과 같은 물체에 관하여 열 진동, 불순물의 효과, 결정 구조의 세부에서 불완전성의 효과 등에 관하여 공식화되었다. 그러나 내가 탐구하기를 바랐던 크고 새로운 분야, 특히 방사성 원자의 성질에 관한 연구는 이 기술로 잘 접근할 수 없었다. 아주 많은 원자가 요구되었다. 시료 둘레의 코일 속에서 인지될 유도 효과를 만들기 위하여 어떤 최소 개수의 원자가 참가해야만 했다. 이 수는 간편하게 만들어지고, 다룰 수 있는 이용 가능한 방사성 원자수를 훨씬 초과했다. 어떤 새로운 기술이 필요했다.

결국 광학으로 돌아오다

이때 나는 자카리아스의 강연을 들은 직후 떠올랐던 한 생각이 나를 이 방향으로 가게 했다는 것을 기억하고 있었다. 무선주파 복사가 핵 자석을 이리저리로 움직일 때, 원자핵의 진동을 어떻게 인식할 수 있었을까? 나는 원자가 복사하는 빛이 영향을 받을지도 모른다고 생각했다. 당시 나와 이 가능성을 의논한 여러 친구들은 비관적이었다. 나는 오랫동안 과학 연구에서 떨어져 있었다. 특히 퍼셀과 블로흐의 연구가 매력 있는 분야를 개척한 것같이 보였고, 이 분야에서는 선구적 연구에 반드시 출몰하는 '낙담시키는 유령'이 없이도 할 일이 많이 있었기 때문에, 그에 대한 이유를 진지하게 고민하기보다는 그들의 판단을 믿기로 작정했다. 다음은 무엇으로 갈 것인가? 이 실험의 성공을 방해하는, 우리가 이해하지 못하는 무엇이 있는가? 그러나 지금이야말로 이 광학적 문제를 재조사할 좋은 시기라고 생각되었다. 전쟁 후 4년, 다시 물리학을 배우는 좋은 기회를 가졌다. 또 초단파공명흡수(超短波共鳴吸收)에 관한 광학적 효과를 예측할 수 있다고 느꼈다. 나는 무분별하게도 발견을 예측하고 논문을 썼으며, 나의 연구실에서 일하는 헌신적이고 매우 유능한 프랑스 학생, 장 브로셀(Jean Brossel)은 실험적으로 예측된 효과를 발견하기로 결심했다.

나의 일생에서 또 한 번 큰 잘못을 저질렀다는 것을 알게 되었다. 이것은 계산의 잘못이 아니라 이해 차원의 잘못이었다. 명성에 값하는 모든 과학자가 그들이 하고 있는 일을 완전히 알고 있다는 특이한 생각을, 일반인들은 가지고 있는 것 같다. 그러나 우리가 하는 모든 일을 알기에는 인생은 너무 짧다. 우리는 어느 부분에서의 완전한 지식에 만족해야 하고, 많은 억측과 주위에 있는 다른 사람의 도움에 만족해야 한다. 또 우리 가운데 많은 사람, 가장 저명한 과학자가 아니더라도 많은 유능한 사람은 그 동료에게 정정을 받지 않으면 안 될 순수한 잘못을 저지른다. 얼마 후, 나의 잘못이 드러났고 우리가 하던 실험을 포기해야 했다. 그러나 다행히도 이와 동일한 실험을 하는 다른 방법이 있다는 것이 알려졌다. 브로셀은 파리에 있는 카스틀레(A. Kastler) 교수에게 우리의 연구에 관하여 편지를 보냈고, 그는 이 방면의 실험을 유리하게 계속하는 데 훌륭한 암시(사실 많은 암시)를 편지로 보내왔다.

우리는 거의 10년 동안 MIT 자석 연구실에서 실험과 자기 공명 흡수 실험과의 결합을 계속했다. 이 분야는 갈수록 더 유망하게 보인다. 우리는 현재의 지식과 이용되는 시간에 비춰, 될 수 있는 한 곧 해결되는 이론 면에서도 또 새로운 기술면에서도 모두 배울 것이 많다. 자석을 다루는 것, 무선 주파 초단파 장치를 다루는 것 외에도 방사성 물질을 다루는 것과 여러 이용 가능한 원자핵 기계에서 그들을 생산하는 방법에 관한 것들을 배워야 했다.

1958년 여름, 우리는 처음으로 낚싯줄을 조금씩 물어뜯는 또 하나의 근사하고 큰 고기를 잡아냈다. 이것을 육지로 올리는 데 오랜 시간이 걸렸다. 우리는 원자핵 크기의 작은 변화를 측정할 수 있는 잘 알려진 기술을 개발했고, 특수한 수은 동위원소 원자핵 입자의 하나인 중성자를 들뜬 상태로 만들었을 때, 이 입자의 원자핵 크기의 변화를 측정하는 데 이것을 응용했다. 전체 원자핵의 크기는 조금 부풀어 올랐고, 우리는 이 부푼 증기를 매우 정확하게 측정할 수 있었다. 다음은 이론 물리학자들의 차례이다. 그들은 이것을 어떻게 해석할 수 있을 것인가? 또 그뿐 아니라 이론 물리학자들의 해석이 옳은지를 알기 위하여 다른 원자핵의 비슷한 현상에 대하여 우리는 이들 측정을 어떻게 확장할 수 있는 것일까?

이것이 모두 한 사람에 대하여 충분한 자극물이 아닌 것처럼 나는 몇 가지 다른 계획들을 떠맡았다. 어떤 의미에서 나에게는 별다른 도리가 없다. 많은 점에서 인생은 폭포수 속에 서 있는 것과 비슷하다는 것을 깨달았다. 우리는 폭포수 속에 머무는 기쁨과 자극을 갖든지 혹은 거기서 나오든지 한다. 이것이 나를 진실로 가슴 뛰게 한다면 기꺼이 도전한다.

우선 교육의 도전이 있었다. 젊은 사람으로 가득 찬 장소에서, 과거와 미래의 전망에 관하여 그들에게 말하는 일에 그 누가 무관심할 수 있겠는가? 가치 있는 일과 없는 일을 결정하는 데 도움이 되는 특권을 누가 거절할 수 있겠는가? 하지만 나는 그렇게 할 수 없었다. 그래서 실험실에서의 연구를 떠나 대학원생들과 함께 시간을 보내고 있다.

다음으로 우리가 이미 배운 것을 응용하는 일이다. 우리가 알고 있는 일이 우리가 희망하는 물건을 만드는 데 쓰이는 곳,

즉 산업계나 정부로 진출할 기회를 누가 어떻게 거절할 수 있 겠는가? 웨스팅하우스 회사에서 받았던 자극은 완전히 새롭게 되어 되돌아온다.

끝으로 연구소 자체의 운영이 있다. 이 책에서 이야기해 온 요점은 교수들의 두뇌와 생활에 있으며, 교수는 우리의 다음 세 대를 위하여 문명을 형성하는 데 큰 요소인 지식을 창조하는 사람들이다. 그들은 성장하기 위한 어떤 분위기를 필요로 하며, 그들이 맡은 바를 다할 수 있는 물질적, 지적 또 영적(靈的)인 어떤 환경을 요구한다. 농장에서 일생을 보낸 사람은 언제 물을 주고 밭을 갈며 농지에 생산을 위한 거름을 줄 것인가에 관한 숙련된 기술을 얻는다. 그들은 책에 쓰기 어려운 일을 배운다. 대학에 있는 교수들도 마찬가지이다. 머리가 회색으로 되어감에 따라 더욱더 충고해 주기를 요구받으며, 연구실에서 보통의 일 을 하는 것보다도 더 흥미가 없는 긴 회합에 앉아 있기를 요구 당한다. 그러나 새 연구실이 설립되고, 새로운 실험이 시작되 며, 그토록 많은 현대의 모험에서 요구되는 협동 연구를 준비하 는 것은 큰 만족이다. 새 시대, 새로운 세대의 도전에 응할 수 있도록 MIT의 성장을 조종할 수 있는 손을 빌리는 것은 중요 하다.

맺는말

이 책을 덮으며, '도대체 무엇을 알게 되었나?' 하고 자문할지도 모르겠다. 무엇을 배웠는가? 아마 자기라는 것이 자석에 관한 문제라는 점이 확실해졌을 것이다. 이 물체는 빈 공간을 지나서 다른 물체에 힘을 미칠 수 있다. 이 힘은 지상 어디에서나 윙윙 소리 내는 모든 전동기에 의하여 작용되는 유용한 추진력에 책임이 있으며, 공중 높이나 지구 밖의 공간, 해명 아래에도 작용하는 힘이다. 과학자는 소위 자유 공간 안에 여러 종류의 '장(場)', 특히 자석 둘레의 자기장을 발견했다는 것을 아마 배웠을 것이다. 또 전기장과 자기장에 관하여 무엇인가를 알게 되었을 때만, 별에서 오는 빛과 시골을 지나서 오는 라디오파의 운동을 이해할 수 있음을 알았을 것이다. 원자와 원자핵의 이해에 관한 기본적 실마리는 전하의 회전 운동을 가진 '입자성'에 있으며, 이 운동은 원자나 원자핵을 작은 자석으로 만든다는 것을 아마 기억할 것이다. 과학자는 상아탑 속에서 생활하지 않는다는 것을 알게 되었는가? 과학자는 변호사, 의사, 기업인, 예술가 또는 교사와 똑같이 국민의 생활 속에서 요구된다. 자연을 더욱 면밀히 조사하고, 실험이 우리에게 알리는 사실들을 심사숙고하고 돌아보며, 안팎으로 살펴보면 눈과 귀를 통하여 나타난 것과는 판이한 가장 아름다운 세계를 '볼' 수 있다는 인상을 받았는가? 또, 과학의 탐구는 가장 자극적인 보물찾기이고, 명확히 표현되고 믿을 수 있는 지식이 가장 큰 보물이라는 인상을 받았는가?

역자의 말

 자석이 쇳조각을 끌어당기는 현상은 전기의 인력과 함께 예부터 알려져 있었다. 천연에 있는 자철광(Fe₃O₄)이 쇳조각을 끄는 현상은 고대 그리스에서 이미 알려져 있었고, 동양에서는 기원전 2400년쯤 '지남차'라는 나침반이 고안되었다는 기록이 있다. '마그네트(Magnet)'라는 이름은 소아시아의 마그네시아(Magnesia) 지방에서 처음으로 자철광이 발견된 데 연유한다고 한다. 서양에서는 물통에 떠있는 코르크 위에 얹어 놓은 자석편이 대략 남북을 가리킨다는 사실에서, 그것이 나침반으로서 가능함을 안 것이 13세기의 일이다.

 그리스 사람들은 자철광의 쇳조각을 끌어당기는 현상이 '정영'의 탓이라고 생각했고, 이것이 중세까지 전해 왔다. 쇳조각을 끌어당기는 자기력의 원인이 먼 북두칠성의 한 별의 작용이라고 생각한 사람들도 있었다. 이러한 생각을 버리고 과학 연구에 대해서는 실험이 중요하다는 것을 강조한 사람이 길버트(William Gilbert, 1540~1603)였다. 자석의 과학적 연구는 자기학의 아버지라고 일컬어지는 길버트가 1600년에 저서 『자석에 관하여(De Magnete)』에 자석의 기본 현상을 계통적으로 기술함으로써 비롯되었다. 그 후 쿨롱, 외르스테드, 앙페르(1775~1836), 패러데이(Michael Faraday, 1791~1867) 등에 의하여 자기학은 발전되어 왔다.

 이 책에서 저자는 자신의 연구 과정을 통하여 자석의 기본적인 성질로부터, 강자성체의 자구, 자기 공명 등 현대 자기학에 이르기까지 폭넓게 기술하고 있다. 자석은 모든 전자계기에 사용될 뿐 아니라 전기 통신 등 많은 분야에 이용되고 있다. 자석이 무엇인가를 아는 데 있어 이 책이 큰 도움이 될 거라고 생각한다.

이 책이 나오기까지 끊임없이 독려하고 편달해 주신 송상용 교수와 교정을 맡은 류정춘 양, 이종호 군의 노고에 깊은 감사를 드린다.

지창렬

자석 이야기
한 물리학자가 걸어온 길

초판 1쇄 1990년 03월 20일
개정 1쇄 2019년 04월 25일

지은이 F. 비터
옮긴이 지창렬
펴낸이 손영일
펴낸곳 전파과학사
주소 서울시 서대문구 증가로 18, 204호
등록 1956. 7. 23. 등록 제10-89호
전화 (02)333-8877(8855)
FAX (02)334-8092
홈페이지 www.s-wave.co.kr
E-mail chonpa2@hanmail.net
공식블로그 http://blog.naver.com/siencia

ISBN 978-89-7044-876-3 (03420)
파본은 구입처에서 교환해 드립니다.
정가는 커버에 표시되어 있습니다.

도서목록

현대과학신서

A1 일반상대론의 물리적 기초
A2 아인슈타인 I
A3 아인슈타인 II
A4 미지의 세계로의 여행
A5 천재의 정신병리
A6 자석 이야기
A7 러더퍼드와 원자의 본질
A9 중력
A10 중국과학의 사상
A11 재미있는 물리실험
A12 물리학이란 무엇인가
A13 불교와 자연과학
A14 대륙은 움직인다
A15 대륙은 살아있다
A16 창조 공학
A17 분자생물학 입문 I
A18 물
A19 재미있는 물리학 I
A20 재미있는 물리학 II
A21 우리가 처음은 아니다
A22 바이러스의 세계
A23 탐구학습 과학실험
A24 과학사의 뒷얘기 I
A25 과학사의 뒷얘기 II
A26 과학사의 뒷얘기 III
A27 과학사의 뒷얘기 IV
A28 공간의 역사
A29 물리학을 뒤흔든 30년
A30 별의 물리
A31 신소재 혁명
A32 현대과학의 기독교적 이해
A33 서양과학사
A34 생명의 뿌리
A35 물리학사
A36 자기개발법
A37 양자전자공학
A38 과학 재능의 교육
A39 마찰 이야기
A40 지질학, 지구사 그리고 인류
A41 레이저 이야기

A42 생명의 기원
A43 공기의 탐구
A44 바이오 센서
A45 동물의 사회행동
A46 아이작 뉴턴
A47 생물학사
A48 레이저와 홀러그러피
A49 처음 3분간
A50 종교와 과학
A51 물리철학
A52 화학과 범죄
A53 수학의 약점
A54 생명이란 무엇인가
A55 양자역학의 세계상
A56 일본인과 근대과학
A57 호르몬
A58 생활 속의 화학
A59 셈과 사람과 컴퓨터
A60 우리가 먹는 화학물질
A61 물리법칙의 특성
A62 진화
A63 아시모프의 천문학 입문
A64 잃어버린 장
A65 별·은하 우주

도서목록

BLUE BACKS

1. 광합성의 세계
2. 원자핵의 세계
3. 맥스웰의 도깨비
4. 원소란 무엇인가
5. 4차원의 세계
6. 우주란 무엇인가
7. 지구란 무엇인가
8. 새로운 생물학(품절)
9. 마이컴의 제작법(절판)
10. 과학사의 새로운 관점
11. 생명의 물리학(품절)
12. 인류가 나타난 날 I (품절)
13. 인류가 나타난 날 II (품절)
14. 잠이란 무엇인가
15. 양자역학의 세계
16. 생명합성에의 길(품절)
17. 상대론적 우주론
18. 신체의 소사전
19. 생명의 탄생(품절)
20. 인간 영양학(절판)
21. 식물의 병(절판)
22. 물성물리학의 세계
23. 물리학의 재발견〈상〉
24. 생명을 만드는 물질
25. 물이란 무엇인가(품절)
26. 촉매란 무엇인가(품절)
27. 기계의 재발견
28. 공간학에의 초대(품절)
29. 행성과 생명(품절)
30. 구급의학 입문(절판)
31. 물리학의 재발견〈하〉(품절)
32. 열 번째 행성
33. 수의 장난감상자
34. 전파기술에의 초대
35. 유전독물
36. 인터페론이란 무엇인가
37. 쿼크
38. 전파기술입문
39. 유전자에 관한 50가지 기초지식
40. 4차원 문답
41. 과학적 트레이닝(절판)
42. 소립자론의 세계
43. 쉬운 역학 교실(품절)
44. 전자기파란 무엇인가
45. 초광속입자 타키온
46. 파인 세라믹스
47. 아인슈타인의 생애
48. 식물의 섹스
49. 바이오 테크놀러지
50. 새로운 화학
51. 나는 전자이다
52. 분자생물학 입문
53. 유전자가 말하는 생명의 모습
54. 분체의 과학(품절)
55. 섹스 사이언스
56. 교실에서 못 배우는 식물이야기(품절)
57. 화학이 좋아지는 책
58. 유기화학이 좋아지는 책
59. 노화는 왜 일어나는가
60. 리더십의 과학(절판)
61. DNA학 입문
62. 아몰퍼스
63. 안테나의 과학
64. 방정식의 이해와 해법
65. 단백질이란 무엇인가
66. 자석의 ABC
67. 물리학의 ABC
68. 천체관측 가이드(품절)
69. 노벨상으로 말하는 20세기 물리학
70. 지능이란 무엇인가
71. 과학자와 기독교(품절)
72. 알기 쉬운 양자론
73. 전자기학의 ABC
74. 세포의 사회(품절)
75. 산수 100가지 난문·기문
76. 반물질의 세계(품절)
77. 생체막이란 무엇인가(품절)
78. 빛으로 말하는 현대물리학
79. 소사전·미생물의 수첩(품절)
80. 새로운 유기화학(품절)
81. 중성자 물리의 세계
82. 초고진공이 여는 세계
83. 프랑스 혁명과 수학자들
84. 초전도란 무엇인가
85. 괴담의 과학(품절)
86. 전파란 위험하지 않은가(품절)
87. 과학자는 왜 선취권을 노리는가?
88. 플라스마의 세계
89. 머리가 좋아지는 영양학
90. 수학 질문 상자

91. 컴퓨터 그래픽의 세계
92. 퍼스컴 통계학 입문
93. OS/2로의 초대
94. 분리의 과학
95. 바다 야채
96. 잃어버린 세계·과학의 여행
97. 식물 바이오 테크놀러지
98. 새로운 양자·생물학(품절)
99. 꿈의 신소재·기능성 고분자
100. 바이오 테크놀러지 용어사전
101. Quick C 첫걸음
102. 지식공학 입문
103. 퍼스컴으로 즐기는 수학
104. PC통신 입문
105. RNA 이야기
106. 인공지능의 ABC
107. 진화론이 변하고 있다
108. 지구의 수호신·성층권 오존
109. MS-Window란 무엇인가
110. 오답으로부터 배운다
111. PC C언어 입문
112. 시간의 불가사의
113. 뇌사란 무엇인가?
114. 세라믹 센서
115. PC LAN은 무엇인가?
116. 생물물리의 최전선
117. 사람은 방사선에 왜 약한가?
118. 신기한 화학매직
119. 모터를 알기 쉽게 배운다
120. 상대론의 ABC
121. 수학기피증의 진찰실
122. 방사능을 생각한다
123. 조리요령의 과학
124. 앞을 내다보는 통계학
125. 원주율 π의 불가사의
126. 마취의 과학
127. 양자우주를 엿보다
128. 카오스와 프랙털
129. 뇌 100가지 새로운 지식
130. 만화수학 소사전
131. 화학사 상식을 다시보다
132. 17억 년 전의 원자로
133. 다리의 모든 것
134. 식물의 생명상
135. 수학 아직 이러한 것을 모른다
136. 우리 주변의 화학물질

137. 교실에서 가르쳐주지 않는 지구이야기
138. 죽음을 초월하는 마음의 과학
139. 화학 재치문답
140. 공룡은 어떤 생물이었나
141. 시세를 연구한다
142. 스트레스와 면역
143. 나는 효소이다
144. 이기적인 유전자란 무엇인가
145. 인재는 불량사원에서 찾아라
146. 기능성 식품의 경이
147. 바이오 식품의 경이
148. 몸 속의 원소여행
149. 궁극의 가속기 SSC와 21세기 물리학
150. 지구환경의 참과 거짓
151. 중성미자 천문학
152. 제2의 지구란 있는가
153. 아이는 이처럼 지쳐 있다
154. 중국의학에서 본 병 아닌 병
155. 화학이 만든 놀라운 기능재료
156. 수학 퍼즐 랜드
157. PC로 도전하는 원주율
158. 대인 관계의 심리학
159. PC로 즐기는 물리 시뮬레이션
160. 대인관계의 심리학
161. 화학반응은 왜 일어나는가
162. 한방의 과학
163. 초능력과 기의 수수께끼에 도전한다
164. 과학·재미있는 질문 상자
165. 컴퓨터 바이러스
166. 산수 100가지 난문·기문 3
167. 속산 100의 테크닉
168. 에너지로 말하는 현대 물리학
169. 전철 안에서도 할 수 있는 정보처리
170. 슈퍼파워 효소의 경이
171. 화학 오답집
172. 태양전지를 익숙하게 다룬다
173. 무리수의 불가사의
174. 과일의 박물학
175. 응용초전도
176. 무한의 불가사의
177. 전기란 무엇인가
178. 0의 불가사의
179. 솔리톤이란 무엇인가?
180. 여자의 뇌·남자의 뇌
181. 심장병을 예방하자